Encuentro en «Montaña Roja»

Biblioteca J. J. Benítez
Investigación

J. J. Benítez
Encuentro en «Montaña Roja»

Planeta

© J. J. Benítez, 1981
© Editorial Planeta, S. A., 2006
  Avinguda Diagonal, 662, 6.ª planta. 08034 Barcelona (España)

Diseño de la cubierta: Opalworks
Ilustraciones del interior: Archivo del autor
Fotografía del autor: © José Sánchez de Lamadrid/Cover
Primera edición en Colección Booket: marzo de 2006

Depósito legal: B. 8.254-2006
ISBN: 84-08-06583-1
Impresión y encuadernación: Litografía Rosés, S. A.
Printed in Spain - Impreso en España

Biografía

J. J. Benítez nació en Pamplona en 1946. A los 26 años comenzó a investigar, en especial los temas de misterio. Durante 30 años ha viajado por todo el mundo (más de cinco millones de kilómetros). Hasta el momento ha escrito cincuenta libros, miles de artículos y pronunciado cientos de conferencias. Ha dirigido varios cursos sobre el fenómeno OVNI en la Universidad, así como diferentes series documentales para la televisión.

El 27 de julio de 2002 nació por segunda vez. Desde entonces se encuentra prácticamente retirado de toda actividad pública.

*A J. M. Portell, que no llegó
a conocer esta aventura*

Un único propósito

En mi obstinada carrera tras los OVNIS he conocido a muchas personas que no aceptan el fenómeno o se mantienen escépticas porque —según ellas— «los objetos volantes no identificados jamás han sido vistos por profesionales de categoría».

Pues bien, uno de los motivos que me ha impulsado a escribir este libro es mostrarles que los OVNIS no sólo son observados por pastores, labriegos o pescadores.

Y puestos a elegir testigos, me he fijado en aquellos que —hoy por hoy— son considerados como los «número uno»: los pilotos.

Si existe alguien cualificado para distinguir un OVNI de otros fenómenos explicables —meteoritos, aviones, cohetes, satélites artificiales, globos sonda, etc.—, ése sólo puede ser un profesional del aire.

Los propios militares —a la hora de clasificar a los testigos de los OVNIS— han situado a los pilotos en el primer puesto, con el sello de «Primera Categoría».

Y aunque en la presente encuesta no figura la totalidad de los pilotos españoles que asegura haber tenido algún «encuentro» con estos objetos, creo que la selección es suficientemente demostrativa.

Algo sucede en «Montaña Roja»

Salomé, la siempre dulce y paciente telefonista del periódico, me anunció la llamada, desde Canarias, del comandante Rafael Gárate.

Mi buen amigo Rafa, piloto de un DC-9 de la compañía Iberia, sabe de mis afanes e investigaciones tras los OVNIS. Y no dudó en llamarme a Bilbao.

Tenía una buena noticia:

—¿Puedes venir al archipiélago? —me soltó a bocajarro.

—Pues, no sé. ¿Qué sucede?

—He visto algo extraño.

El comandante Gárate, vasco hasta la médula, es hombre serio, que jamás se habría decidido a dar este paso de no contar con una total seguridad. Así que mi curiosidad —esa inseparable compañera— se despertó al instante.

—... He volado sobre la isla de Lanzarote —prosiguió—, y en las dos últimas noches hemos observado unas luces muy raras.

—¿Luces...? Pero ¿dónde?

—En un cráter apagado. Está situado al sudoeste de la isla. Lo llaman «Montaña Roja». Eran muy intensas y parecían alineadas en el fondo de la caldera. Pensé que podría interesarte.

—Ya lo creo —le respondí entusiasmado—, pero, dime, ¿cómo eran esas luces? ¿Podría tratarse de vehículos o algo así?

—No, no. He preguntado en Arrecife, y en «Montaña Roja» no hay nada: ni casas, ni instalaciones militares. Nada. Aquello está despoblado. Es un lugar desierto. Además, las luces eran demasiado potentes y numerosas. No podían ser faros de vehículos. Creo que debes venir cuanto antes. Podrías descender a ese cráter.

La idea me entusiasmó. Pero al colgar el teléfono volví a la dura realidad. Allí, a pocos pasos de mi mesa, estaba el redactor-jefe: José María Portell.

Y había que convencerle. Para mí, sin duda, aquélla podía ser una buena historia periodística. Además, parecía sencillo. Todo consistía en llegar hasta la cima de «Montaña Roja» y descender hasta el fondo de la caldera. Después, Dios diría.

Recuerdo que era lunes, 12 de junio de 1978. Nadie podía sospechar que dieciséis días después, Portell sería ametrallado por ETA. Cuando me acerqué hasta él, José Mari debió de notar algo en mi rostro. Y sonrió maliciosamente:

—¿Qué has descubierto?

—¿Te interesa una buena historia? ¡En primicia!

Portell sabía escuchar. Su carácter se había templado en los últimos meses. Era como si presintiera algo.

—Hay que volar hasta Lanzarote. Y descender a un cráter. Acabo de hablar con un piloto de Iberia que asegura haber visto unas extrañas luces. ¿Qué te parece?

José María Portell no sentía, ni mucho menos, una predilección especial por el asunto OVNI. Pero sabía distinguir. Y reconoció que aquélla, efectivamente, podía ser una noticia de primera página.

—De acuerdo. Pero procura no romperte esa cabeza de chorlito...

Y antes de que pudiera arrepentirse, abandoné la redacción a galope.

Una idea empezaba a brotar en mi mente.

Pero al exponérsela a Raquel, mi mujer, no pareció muy complacida. Y no le faltaba razón.

Pasar tres o cuatro días, con sus noches, en la soledad de un cráter, se le antojaba tan absurdo como peligroso.

Pero, una vez más, supo comprenderme.

Y ese mismo día despegué de Bilbao, rumbo a Canarias.

Estaba decidido: si esas luces descendían nuevamente sobre la caldera de «Montaña Roja», yo estaría allí, y con las cámaras fotográficas preparadas.

Vuelo Arrecife-Las Palmas:
«Nos sigue un OVNI»

Tal y como me había adelantado el comandante de Iberia, «Montaña Roja» se levanta en las proximidades del faro de Pechiguera, en el extremo sudoccidental de Lanzarote. La aldea de Playa Blanca, cerca de Berrugo, y del castillo de las Coloradas, era el último reducto de la civilización. A partir de allí —y según el mapa— era necesario caminar hasta la cima del volcán.

Y mientras el reactor cruzaba la península, recordé mi encuentro con Rafa Gárate, en Madrid. Alguien, en la compañía Iberia, me había hablado de este piloto y de su experiencia con un OVNI.

Si mal no recuerdo, aquella entrevista con el comandante de Santurce fue una de las primeras de la larga serie que he realizado con pilotos hispanos y de todo el mundo.

Gárate me recibió aquel día en su piso de la Avenida de América.

Y muy pronto nos hicimos grandes amigos.

A pesar de su juventud, Rafa contabilizaba ya más de 20.000 horas de vuelo. Fue piloto de combate durante once años, pasando después a las líneas civiles, donde lleva otros diez.

Por supuesto, no tuvo ningún inconveniente en relatarme lo que sucedió mientras volaba entre las islas de Lanzarote y Gran Canaria:

—Por aquellas fechas (1977), el mecánico de la compañía en Arrecife había alertado a casi todas las tripulaciones en torno a la aparición de un objeto muy luminoso que, sistemáticamente, cada noche, hacía acto de presencia sobre los montes próximos al aeropuerto.

»En una de aquellas ocasiones, uno de los comandantes, también de DC-9 —Juanito Menaya Navarro—, pudo ver cómo salían de aquel objeto hasta catorce luces más pequeñas.

»Total, que aquella noche —prosiguió Rafael Gárate—, cuando nos disponíamos a despegar de Arrecife, rumbo a Las Palmas, entró en la cabina el sobrecargo. Y me preguntó si podía quedarse con nosotros. El hombre sentía curiosidad. Había oído hablar del dichoso OVNI y pensó que a lo mejor lo veía desde la cabina del DC-9. A las nueve y media de la noche —ya oscurecido totalmente— iniciamos la carrera para el despegue.

»Y nos fuimos al aire.

»En ese aeropuerto, como sabes, hay que virar enseguida hacia el mar. A corta distancia se levantan algunos montes y es preciso girar hacia la derecha mientras se va tomando altura. Y eso hicimos. Pero cuando estábamos mudando la dirección para alcanzar el nivel o altura exigida, rumbo ya a Las Palmas, vimos una luz sobre las colinas y montes cercanos al aeropuerto.

»Era fuerte. Brillante. Yo diría que un poco ovalada. Se asemejaba a la forma de una lenteja.

»De pronto, la luz empezó a aproximarse al avión. Y aumentó de tamaño y de intensidad. Y se hizo grande como un balón...

—¿A qué altura volabais en ese instante?

—Como a unos 2.500 pies.[1] Seguíamos ascendiendo y rematando el giro.

1. 2.500 pies: aproximadamente unos 830 metros.

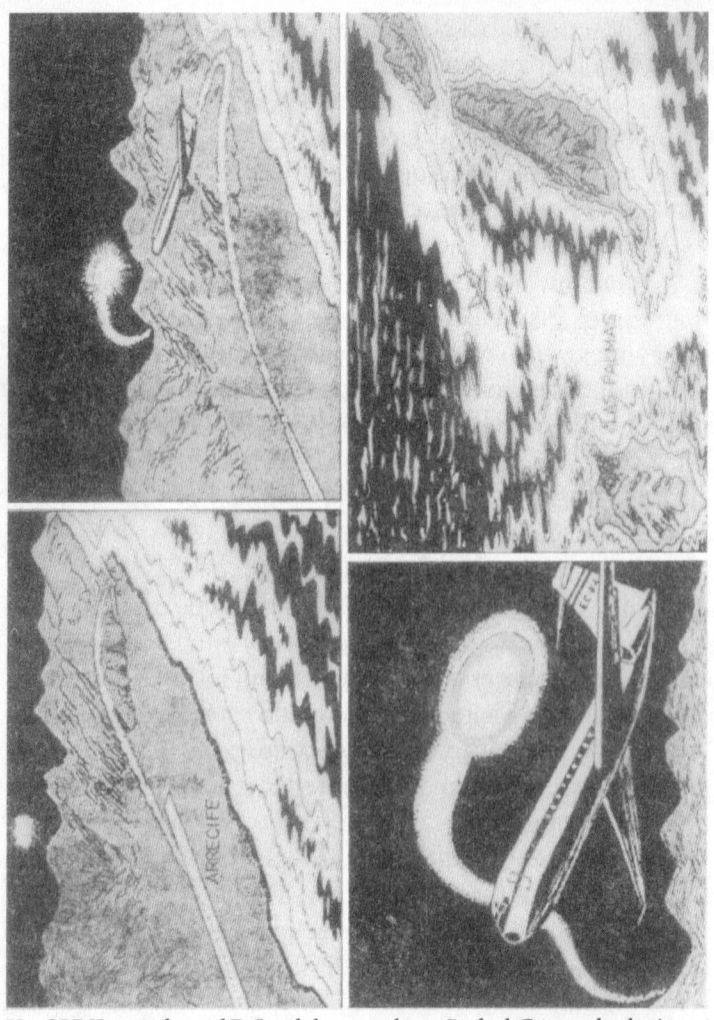

Un OVNI «escoltó» al DC-9 del comandante Rafael Gárate desde Arreci-
fe de Lanzarote a Las Palmas de Gran Canaria. Abajo, a la izquierda, el
OVNI sobre las montañas próximas al aeropuerto. Arriba, a la izquierda,
el objeto se aproxima al avión de pasajeros. Abajo, a la derecha, el OVNI
sobrevuela el DC-9 y se sitúa en el costado izquierdo del reactor. A partir
de este momento siguió al avión de Iberia hasta Las Palmas.

»Precisamente al dar la vuelta fue cuando los tres —el segundo piloto, el sobrecargo y yo— descubrimos aquella luz misteriosa.

»Y el sobrecargo, con evidente nerviosismo, empezó a decir: "¡Comandante, comandante! ¡Mire, mire!"

»Y el segundo, por su parte, me comentó: "Comandante..., ¿qué hacemos?"

»Aquello tenía su gracia. Normalmente, tanto el segundo como el sobrecargo se dirigen a mí por el nombre de pila. Pero esta vez no. Ambos me llamaban "comandante"...

»Y yo, que llevaba los mandos del DC-9, les respondí, tratando de tranquilizarles: "¡Pues no le miréis!"

—¿Tú lo estabas viendo?

—Sí, claro. Y vi cómo se acercaba.

—Pero, ¿no sentiste miedo?

—No. Sabía o intuía que «aquello» no podía hacernos daño. Si hubiera querido atacarnos, lo habría hecho mientras despegábamos.

—Entonces, ¿por qué crees que se estaba acercando a tu reactor?

—No lo sé. Quizá por curiosidad o para comprobar nuestras reacciones...

—¿Y qué pasó?

—El sobrecargo y el segundo piloto siguieron preguntándome que qué hacían. Y yo les dije que «le dieran luces».

»"Mira que si van despistados", pensé para mí.

Tanto Rafa Gárate como yo nos echamos a reír.

—Sí —puntualizó el comandante—, ya sé que era ridículo. ¿Cómo una nave con semejante tecnología podía ir «despistada»? Si nosotros volamos con un índice tal de instrumentos, ¿qué no llevarán ellos?

—Entonces, ¿tú crees que aquella luz podía ser una nave?

—Sí. Se comportaba «inteligentemente». Y era evidente que no estábamos ante un avión, o un helicóptero, o un meteorito. Verás.

»Al hacer los cambios de luces, la "luz" no avanzó más. Se mantuvo ya a la misma distancia. Pero la cosa no terminó ahí.

»Acto seguido ascendió en vertical y pasó por encima del avión, situándose a nuestro costado izquierdo. Y nos acompañó hasta Las Palmas.

»En total, más de 20 minutos de vuelo.

»Aquello era para impresionar, desde luego. El objeto se mantuvo a una misma distancia, volando en paralelo con nosotros y a idéntica velocidad que el DC-9. Es decir, a unos 750 kilómetros por hora. Su luz blancoamarillenta destacaba extraordinariamente.

»Te diré algo. Mentalmente intenté hacer alguna experiencia de tipo telepático. Yo había leído algo sobre esto...

—¿Y hubo respuesta?

—No. Al menos, yo no lo noté.

—¿Tú crees que los seres que podían tripular el OVNI eran capaces de captar tus pensamientos?

—¿Por qué no? Si dominan semejante tecnología, la transmisión del pensamiento tiene que ser un juego para ellos.

Era emocionante que todo un profesional del aire —con más de 20.000 horas de vuelo— conservara su mente abierta...

El comandante Gárate debió de adivinar mis pensamientos, porque añadió:

—Sí, ya sé que no es frecuente creer en extraterrestres. Pero yo he visto «algo» que sólo puede ser asociado a una tecnología infinitamente superior a la humana.

—Ya sabes que algunos científicos hablan de las largas

distancias interestelares y de la imposibilidad de contacto con otros mundos...

—Hablan de «nuestra» imposibilidad de contacto. Pero olvidan que en otros lugares de la galaxia pueden prosperar una o mil civilizaciones que han superado esas barreras. ¿Te imaginas a Séneca, Platón o Aristóteles en la cabina del reactor que yo hago despegar cada día?

Estaba claro.

—¿Y qué ocurrió cuando llegasteis a Las Palmas?

—Poco antes de aterrizar lo perdimos. Al llevar a cabo la aproximación y entrar en nubes, el objeto desapareció.

—En suma, ¿cómo calificarías aquel fenómeno?

—Como un OVNI. Y a título muy personal, como una nave ajena a la Tierra.

—¿Y no podrían ser rusos o norteamericanos?

—Tú sabes que no. Yo he pilotado aviones de combate —Sabres y los famosos 104 o «ataúdes volantes»— y sé las posibilidades de la aviación militar. Ni los más audaces aviones experimentales pueden desarrollar esas velocidades ni practicar semejantes giros y ángulos rectos en pleno vuelo.

Volví a ver a Gárate algún tiempo después de aquella primera entrevista con el comandante de Iberia. Y, al igual que ocurría ahora, con el caso de «Montaña Roja», me situó de nuevo tras la pista de otro apasionante suceso.

Dátiles y pasas para tres días

Mi corazón se aceleró al tomar tierra en Arrecife de Lanzarote.

Tras algunas averiguaciones con los mecánicos de tierra y con el oficial de tráfico, me dirigí hacia la localidad de Yaiza, al pie de las Montañas de Fuego de Timanfaya. Seguía dispuesto a permanecer varios días en la soledad del cráter, en espera de un posible descenso o aparición de los OVNIS. Y aunque el tiempo previsto de permanencia en la caldera de «Montaña Roja» no era excesivo, sí necesitaba reunir algunas provisiones, así como, al menos, un saco de dormir.

Pero la noche terminó por cerrarme el paso. Y las ancianas y rojizas jorobas de los treinta cráteres del Parque Nacional de Timanfaya desaparecieron.

Mi descanso en Yaiza fue breve.

Con las primeras luces, y como tengo por costumbre en mis viajes, me adentré en las encaladas calles de la población. Y pronto tomé posiciones ante una renegrida mesa de madera de drago de una no menos oscura cantina.

La señora del lugar no tardó en extender ante mí un generoso plato de huevos con tocino, amparado por el inseparable gofio, el picante mojo y algunas lonchas de queso de cabra que rebosaban los límites de la bandeja.

Y para regar aquel desayuno —digno de un miliciano de Juan Bethencourt—, una jarra de dorado vino de malvasía.

Era consciente de que aquélla iba a ser la última comida con un mínimo de dignidad y consistencia.

Y traté de aprovecharla.

Allí mismo, al amor del último cigarro, me informé del lugar más apropiado donde hacer acopio de algunos víveres. Y el ama me señaló el bar de Salvadora, a orillas mismo de Playa Blanca, frente a la isla de Lobos.

Al poco me encontraba de nuevo en la serpenteante ruta que cruza la Hoya, en dirección a las costas del Sur.

Me sentí feliz —casi como un niño— al reconocer el negro vivo del «malpaís», ese misterioso «musgo» que cubre los casi 200 kilómetros cuadrados de lava relampagueante de la zona. Un mundo mágico. Hechizado, diría yo, por los ojos amarillos y rojos de más de veinte volcanes apagados en los que sólo se mueven gaviotas y escorpiones.

E, intencionadamente, reduje la marcha de mi automóvil. Y fui descubriendo, a cada curva, las formas esqueléticas, nervudas y kafkianas de la escoria y lapillis apelmazados. Casi como interminables manos resecas asidas a la tierra...

Y a la derecha de la carretera, el mosaico blanco de las salinas de Janubio.

No tardé en divisar el pequeño caserío de Playa Blanca.

Allí, con la piedra pómez de la isla de Lobos al fondo, conocí Casa Salvadora.

El propietario, no sin cierta extrañeza, fue reuniendo algunas viandas que le pedí: varias tabletas de pasas. Dátiles hasta llenar una fiambrera de poco más de medio litro de capacidad. Y cinco botellas de café negro, sin azúcar.

Algunos de los vecinos que apuraban su sed en la cantina siguieron las idas y venidas del capataz con tanto interés como curiosidad. Pero ninguno llegó a preguntar la razón de aquel insólito acopio de víveres. Y en el fondo agradecí este gesto de prudencia. Deseaba llevar a cabo la experiencia en la más absoluta de las reservas. Al hecho —excitante en sí— de la espera en «Montaña Roja» quería añadir otra realidad no menos fascinante, al menos para mí. Quería conocer y anotar hasta las más nimias reacciones de una persona sometida —aunque sólo fuera por tres o cuatro días— a una soledad absoluta.

¿Sería capaz de soportarlo? ¿Cómo reaccionaría mi mente? Y, sobre todo, ¿cómo me comportaría en el fondo de la caldera, atornillando mi organismo con un severo ayuno?

Estas incógnitas habían excitado considerablemente mi ánimo. Ardía en deseos de iniciar el camino hacia el cráter.

Una de las condiciones básicas para la ejecución de este proyecto era guardar el más completo mutismo respecto al lugar exacto donde pensaba instalarme. Tan sólo el comandante de Iberia lo conocía. Pero en mi precipitada salida de Bilbao había olvidado avisar a Rafa Gárate. Y el piloto no tenía conocimiento en aquellos momentos de mi inminente llegada a «Montaña Roja».

Ni siquiera Raquel sabía el nombre del cráter, ni su posición. Y puesto que la isla de Lanzarote reúne más de 300 volcanes, habría resultado agotadora una supuesta labor de búsqueda.

Sin embargo, esta circunstancia, lejos de preocuparme, me hacía vibrar con mayor intensidad. Y psicológicamente me colocaba en una posición óptima, de cara a un auténtico y descarnado enfrentamiento conmigo mismo y con lo que pudiera suceder en la cima del volcán.

Una vez abandonada Playa Blanca, la incomunicación sería total.

Pero quedaba por resolver el problema del saco de dormir. Mientras el dueño de Casa Salvadora remataba los preparativos, me dirigí al centro de la aldea, en busca de algunas mantas con las que poder sustituir el ya ilocalizable saco.

No fue difícil la compra. Y la Providencia me obsequió también con el hallazgo de un pequeño colmado, en el que adquirí una caja de galletas y abundante tabaco negro.

Y con aquel «tesoro» regresé a la playa, donde el voluntarioso propietario de Casa Salvadora me ayudó a extender las provisiones sobre las mantas. Una vez formado el hatillo, me despedí del paisano y deposité la preciada carga en el maletero del 124.

Según el mapa, debía dirigirme hasta el faro de Pechiguera. Allí moría la pista. Después emprendería la ascensión.

El sol ardía ya en pleno cenit cuando detuve mi automóvil a la sombra de un desconchado faro.

Tanto la torre como los negros acantilados de la costa de Rubicón permanecían desolados. Desiertos. El faro, con la llegada del progreso, había perdido a sus moradores. Y, con ellos, el calor y el color de los sentimientos. Ahora todo lo hacía una célula fotoeléctrica.

Busqué una sombra y allí —al pie de aquel «huérfano» de veinte metros— traté de ordenar mis ideas.

Frente a mí, y si los mapas no mentían, se levantaba «Montaña Roja». Pero, ¿por qué la denominarían así? En realidad, sus escarpadas laderas eran grises.

El volcán, contemplado desde su base, guardaba todavía la planta airosa y gallarda de los jóvenes hijos del Timanfaya, que hicieron erupción en pleno siglo XVIII. Yo había leído que, allá por los años 1730 al 1736, esta parte de la isla sufrió una violenta conmoción, y once de los caseríos que salpicaban la vega fueron sepultados bajo la lava, que terminó en el mar entre columnas de vapor y espantosas cataratas de fuego casi sólido. Y de aquel apocalipsis nació

25

una treintena de bocas humeantes que, lentamente, fueron muriendo. Y «Montaña Roja», precisamente, era una de esas calderas.

Mientras revisaba mi inseparable bolsa de las cámaras fotográficas, me asaltó un súbito deseo de deserción. «¿Por qué no? —me pregunté—. ¿Por qué no dejarlo todo y regresar? ¿Por qué someterme a la incomodidad y a lo desconocido?»

Me puse en pie y, casi con violencia, cargué la bolsa sobre mi hombro derecho, haciendo otro tanto con el hato donde había agrupado los víveres y el café. Pero lo hice con tan mala fortuna, que una de las botellas —a pesar de la protección de las mantas— me golpeó en el costado izquierdo.

El dolor terminó por despejar las dudas. Y a grandes zancadas, con prisas, me dirigí hacia el Norte, tratando de rodear la base del gran cono, con el único objetivo de hallar una senda menos agria.

A los veinte minutos de caminata, sorteando las grietas basálticas y los remolinos de lava negra, mi cuerpo sudaba ya por los cuatro costados.

Pronto me convencí de que era inútil la búsqueda de una pendiente menos abrupta. Las paredes de «Montaña Roja» están formadas por largas costras de material volcánico, y el resto, por escoria muy granulada, que brillaba al sol.

Y tras una profunda inspiración, opté por iniciar el ascenso. Si alguien me hubiera visto subir por aquella ruda pendiente, cargado como un porteador tibetano, lo más probable es que se hubiese santiguado.

Pero, excepción hecha de las gaviotas, que saltaban entre los arrecifes, en un largo radio de terreno no se divisaba ser humano alguno. Por otra parte, ¿quién iba a aventurarse en pleno junio en semejante incursión?

Al cuarto de hora tuve que soltar los bultos. Aquello era excesivo. Y aunque me urgía llegar lo antes posible a la boca de la caldera, los descansos tuvieron que prodigarse, conforme la pendiente se hacía más afilada.

Mientras contemplaba el incierto perfil de la cumbre del volcán, yo, que no creo en la casualidad, me pregunté por enésima vez qué diablos hacía en «Montaña Roja». ¿Quién me estaba empujando a llegar a la caldera? Y, sobre todo, ¿para qué? ¿Qué iba a suceder allí arriba?

Estas interrogantes entraban y salían de mi cerebro sin orden ni concierto. Sólo cuando mis botas resbalaban en los torrentes de escoria, haciéndome perder parte del terreno ganado, mi corazón y mi voluntad se hacían dedos —yo pienso que garras— tratando de evitar una caída que hubiera sido mortal.

En más de una ocasión, y en pleno alud de escoria, me vi obligado a dejarme caer de bruces, hundiendo hasta las pestañas en la achicharrante escoria.

Una hora después de iniciado el ascenso, con los huesos molidos y el ánimo tan entrecortado como mi resuello, alcancé la cumbre.

Y el latir de mi corazón se hizo más vivo cuando mis ojos se clavaron en el fondo del cráter.

Una «cruz» en la caldera

Lo primero que me llamó la atención en aquella olla de casi cien metros de diámetro fue una gran cruz blanca, pintada entre el negro de la ceniza volcánica y los verdes y ocres del resto de la caldera de «Montaña Roja».

En una rápida inspección ocular —y todavía desde mi obligado observatorio, en lo más alto de una de las paredes del cráter— verifiqué la ausencia total de actividad volcánica. Ni gases, ni grietas humeantes...

Algo que, por supuesto, cualquiera hubiera dado por sentado. Pero bueno era comprobarlo...

El cráter estaba desierto. Y, por un momento, aquel fortísimo viento que soplaba en la cumbre del volcán me devolvió a la realidad. Eran rachas del Este. A veces frías, pero siempre densas y poderosas. Tan fuertes, que silbaban entre los recovecos de la lava petrificada.

Si aquel viento castigaba el fondo de la caldera con la misma violencia, mi estancia en el cráter podía complicarse sensiblemente.

Y puesto que sólo había una forma de comprobarlo, inicié el descenso con paso lento. Pronto dejé atrás los lastrones y grandes rocas que se acumulaban en la pared. Y me encontré en mitad de la suave explanada que forma la base de la caldera. Allí, el terreno era blando. Formado básicamente por una ceniza ligera, entre la que crecía una retama esquelética y reseca, así como algunos arbustos enanos, blanqueados por aquel sol de hierro y a los que los naturales de Lanzarote denominan «ahulagas».

Me alegró encontrarlos. Las noches en aquellos parajes —y con más razón a casi 400 metros de altitud— son duras. Esta madera, fácil de quebrar, me proporcionaría el calor necesario.

El principal motivo de mi desazón —el fuerte viento— había desaparecido. Al menos, en el centro del cráter. Allí, la calma era total. Y aunque supuse que las paredes del volcán defendían el fondo de la depresión de las tormentas de arena, así como de los vientos «surestados», me dirigí de nuevo a lo alto de una de estas paredes, esta vez hacia el extremo opuesto por donde había alcanzado la cumbre de «Montaña Roja».

Al asomar sobre las rocas apareció ante mí, en dirección Este, la desgastada cadena montañosa de Los Morros, con sus lomas blancas y rojas. Allí, como en cualquier punto de la boca del cráter, las rachas de viento se hacían insoportables.

Regresé hasta el centro de la caldera e intenté determinar el rincón idóneo donde poder plantar mi modesto campamento. Al pie de la pared sudoriental se acumulaba un nutrido volumen de rocas de pequeño y mediano tamaño. Quizá pudiera hacer con ellas una especie de parapeto...

Y, cargando de nuevo los víveres y el material fotográfico, me dirigí al punto elegido.

Con el mismo entusiasmo de un niño que juega a construir una cabaña, así me afané en mi primera tarea dentro del cráter.

Un par de horas más tarde, con el rostro sudoroso y las ropas definitivamente descoloridas por el polvo y la ceniza, retrocedí unos pasos y contemplé «mi obra». No pude evitar la risa. La verdad es que mi porvenir como arquitecto dejaba mucho que desear...

Lo más probable es que si el viento que acuchillaba la lava en lo más alto de las paredes del volcán hacía la más mínima incursión a mis recién estrenados dominios, aquel semicírculo de piedra de un metro de altura se vendría abajo con toda seguridad.

Pero era mi obra. Y me sentí contento.

La tarde empezaba ya a escapar, con el viento, hacia el tablero azul del Atlántico. Debía apresurarme.

Y, tras colocar las provisiones en el interior del semicírculo, hice un rápido inventario del material que había encerrado en la bolsa de las cámaras.

La verdad es que el recuento fue más que breve: unos prismáticos Yashica de 10×50, inseparables en mis correrías tras los OVNIS; una linterna especialmente diseñada por una casa especializada de Vitoria y cuyo alcance —sin dispersión— linda los dos kilómetros, y un grueso cuaderno de notas.

Y como primera medida —habitual ya en mí— colgué del cuello una de las cámaras Nikkormat, con un teleobjetivo de 200 milímetros.

Uno nunca sabe cuándo pueden aparecer estas naves...

La experiencia me había enseñado a no alejarme demasiado de las cámaras fotográficas. En más de una ocasión había visto pasar ante mí estos objetos cuando me encontraba «desnudo»: sin las cámaras...

Y de pronto recordé que no había hecho acopio de leña. Éste debía ser el siguiente y uno de los más importantes trabajos de aquella primera jornada.

Puesto que el sol necesitaba todavía de algo más de una hora para ocultarse, me encaminé hacia la zona más alejada del «campamento». Si debía pasar varias noches en aquella caldera, lo más racional era empezar por consumir los arbustos más alejados. En caso de cansancio o de cualquier contrariedad, siempre resultaría más cómodo llegar hasta la leña colindante con el campamento.

Antes de empezar a cargar los palos blancos y resecos, me detuve frente a la gran cruz que —evidentemente— alguien había pintado en el centro de la explanada.

Al tocarla me di cuenta de que se trataba de cal. Los dos grandes trazos, de unos 30 a 40 centímetros de anchura por otros cuatro metros de longitud, habían sido dibujados sobre la ceniza negra de la caldera.

Pero ¿por quién y para qué?

Mi primer pensamiento fue asociar la cruz con una señal hecha para que alguien pudiera verla desde el aire.

Podía ser algún tipo de balizamiento para paracaidistas o ejercicios de tiro.

«¿Ejercicios de tiro?»

«¡Ay, Dios! ¡Mira que si me encuentro en pleno polígono de bombardeo o de lanzamiento de misiles!»

Y retrocedí con espanto.

Instintivamente miré a mi alrededor. Pero no pude descubrir una sola señal de bombas, cráteres o los clásicos embudos que originan los proyectiles al estallar en tierra. La explanada de la caldera era perfectamente llana y compacta. Estaba claro que aquel volcán no había sido escenario —al menos reciente— de este tipo de ejercicios de fuego o bombardeo. Eso era lo que yo creía...

Pero, entonces, ¿qué significaba la cruz?

El comandante Gárate me había asegurado que en aquella parte de la isla de Lanzarote no existía señal óptica alguna que sirviera de orientación a los pilotos.

Por otra parte, los trazos, a base de cal, eran obra humana. Eso saltaba a la vista.

Y tras algunos segundos de inútil reflexión, seguí hacia el extremo de la caldera y comencé a arrancar cuantos arbustos de «ahulaga» y retama quedaron a mi alcance.

Cuando consideré que la carga era suficiente, me refugié en el semicírculo de piedra, disponiendo otras pequeñas rocas en el interior del propio «campamento» a manera de hogar.

Allí encendería una hoguera en cuanto las tinieblas cayeran sobre el cráter de «Montaña Roja».

Y acomodándome como pude, tomé mi cuaderno de notas e inicié el relato de aquel agitado 14 de junio de 1978.

Muy lentamente, el volcán llamado «Montaña Roja» quedó sumido en la más negra oscuridad...

Primera noche: Un extraño «monólogo»

He conocido ya, en otros lances, lo que significa la soledad en la oscuridad.

Pero aquel cráter...

Cuando las sombras se hicieron tupidas, mi ánimo volvió a encogerse. Era algo físico.

La temperatura en la caldera no había descendido demasiado. Así que decidí no encender el fuego. Deseaba, además, que mis ojos se acostumbraran lo antes posible a aquella situación de negrura pastosa y desesperadamente silenciosa.

No fue difícil. A la media hora escasa podía distinguir con relativa comodidad los altos límites del anfiteatro en cuyo fondo me encontraba. Y, a menos distancia, el entramado sarmentoso y calcinado de las retamas y míseros arbustos, que crecían en el fondo del volcán, quizá por un milagro de la Providencia.

Pero, aquel silencio...

Por mucho que agucé el oído, en aquella desolación de lava y ceniza volcánica no se escuchaba el menor chasquido de una chicharra o el zigzagueante zumbido de los murciélagos. Nada. Y no sé por qué mi corazón sintió pena por aquella Naturaleza aparentemente muerta y condenada al silencio. Quizá por eso amo el mar. Mientras colocaba sobre mis rodillas la fiambrera con los dátiles, dirigí la mirada al firmamento. ¡Cómo poder describir aquel escalofrío blanco de legiones de estrellas y luceros! Sólo en las cumbres andinas había asistido a un espectáculo parecido.

En realidad, aquella bóveda rutilante iba a ser —junto a mis pensamientos— la única compañía en la soledad de «Montaña Roja».

Esto era lo que yo creía en aquella mi primera noche.

Diez dátiles y un vaso de café puro no era mucho para reponer fuerzas. Pero era lo estipulado, si verdaderamente quería respetar el ayuno.

Mi plan, mientras permaneciera en aquel cráter del fin del mundo, era el siguiente: tratar de dormir durante el día y esperar, vigilar y meditar a lo largo de las noches. Sencillo.

Una «comida» al despuntar el alba y otra en el crepúsculo. Y, en caso de sed, café. Los que me conocen saben que nunca o casi nunca bebo agua. Puedo estar semanas sin ingerir un sorbo. Pero ahora, en una zona desértica, podía ser diferente. Así que opté por el café.

Sentía curiosidad por conocer mis propias reacciones. Mis pensamientos y, sobre todo, mis sentimientos. ¿Cómo me comportaría en el supuesto de que la fortuna me asistiese y viera algún OVNI? Y apurando el sueño, ¿qué haría en el caso de que esa nave descendiese sobre la caldera? ¿Cómo me comportaría si llegase a ver a sus ocupantes? ¿Saldría huyendo, como ya me ha ocurrido en otras ocasiones, al ver los OVNIS?

Estos interrogantes me erizaban el cabello. Y reconozco que el miedo empezó a rondarme.

Tras la frugal cena me enrollé en una de las mantas. Situé los prismáticos en torno a mi cuello y colgué de mi hombro derecho la estrecha caja metálica que contenía las baterías de la linterna «mágica». Y con el gran foco de cristal parabólico en la mano, me dirigí a lo alto de la pared más cercana.

Allí, sentado sobre la lava, arropado como buenamente pude, le hice frente al viento y a mis pensamientos:

«¿Por qué me agrada la soledad? ¿O no me agrada?» Tal y como suponía, la voz de mi conciencia —¿o no era mi conciencia?— presentaba las respuestas a idéntica velocidad con que yo me dejaba llevar por las preguntas. Y surgió este monólogo:

—Pero, ¿qué es la soledad? ¿Por qué el ser humano precisa tantas veces de ese silencio interior? ¿No será que nuestro verdadero mundo se asemeja a los grandes icebergs? Una parte sobresale sobre el agua y otras nueve permanecen ocultas.

—¡Tonterías!

—¿Estás seguro?

—Bueno, ¡quién sabe!

—El caso es que esta soledad me llena.

—Quizá no estés tan solo como crees. Quizá lo que conoces por Espíritu, o por Mente, o por Alma, es alguien tan físico y real como la áspera lava sobre la que ahora estás...

—Eso son palabras.

—Sí. Pero tú sientes «algo» o «alguien» dentro de ti. ¿O no?

—Pues, sí.

—¿Y hasta qué punto son importantes los sentimientos?

—Si he de ser sincero conmigo mismo, cada vez más. A veces me dejo llevar por lo que parece dictarme ese «ser» interior (ese otro yo, si es que podemos llamarlo así), y las cosas adoptan otro color...

—¡Bravo! ¿Y qué pensarías si te dijese que ese «ser» interior eres en realidad tú mismo: el auténtico J. J. Benítez?

—¿Otro individuo dentro de mí mismo? No lo entiendo...

—Otro, no. Tú. El auténtico. El viejo...

—¿Viejo? ¡Si sólo tengo treinta y dos años!

—¡Ya! Treinta y dos cómputos de tiempo, de acuerdo con los límites del planeta donde ahora vives...

—Ya empezamos a desvariar...

—No. Tendrás que concederme algo: si ese «ser» existe y demuestra ser tan prudente y sabio en sus respuestas y planteamientos, es imposible que haya alcanzado un grado tal de conocimientos en esos ridículos treinta y dos años sobre este mundo donde te mueves.

—A mí me habían dicho que esa «voz de la conciencia» podía ser el mismísimo Dios, que habla o dialoga con todos y cada uno de los seres humanos...

—Dios. ¿Y qué es Dios?

—¡Y yo qué sé! Quizá sea la gran fuerza o la energía infinita que todo lo llena y todo lo sostiene. ¡Vaya usted a saber!

—En ese caso, el «viejo J. J. Benítez» también albergará algo de esa fuerza. ¿O no?

—¡Ojalá!

—Pero no nos salgamos del tiesto. ¿No te parece absolutamente racional que si ese «ser» interior existe, tú encuentres consuelo en la soledad de ti mismo?

—Sí, es racional. Pero, entonces, ¿por qué hay tanta gente que huye de la soledad? ¿Por qué dicen que la soledad es mala consejera y todas esas cosas?

—Me parece que estamos hablando de dos «soledades» distintas.

—Explícate.

—Veamos. Cuando un hombre o una mujer no se conocen a sí mismos, siempre huyen de la soledad. Y es lógico. Están desarmados. Indefensos. Y la soledad aumenta sus miedos y angustias. Y eso llega a ocurrir incluso aunque la persona se mueva entre multitudes. Todavía no han descu-

bierto su verdadera dimensión, su potencia, su larga y remota sabiduría...

—¿Te refieres a que no han descubierto a ese «ser» interior, tan viejo?

—En efecto. Por eso te hablaba de dos tipos de soledades. Los que han llegado al conocimiento o a la sospecha,
al menos, de la realidad de ese YO interior, gustan y hasta
buscan esa soledad, que les permite un más nítido y profundo diálogo con el «viejo», si me permites el calificativo.

—Espera. Déjame pensar. ¿Y cómo podemos «descubrir» al «viejo»?

—Para empezar, hay que detenerse.

—¿Detenerse?

—Sí, congelar el reloj de la vida. Hacer un alto.

—¿Y después?

—Sencillamente, escuchar esa voz interior. Esa que tú
llamas «la voz de la conciencia». Y seguir sus consejos.
Poco a poco, ese «buceo» en uno mismo va proporcionando luz y, sobre todo, seguridad.

—Entonces, ¿tú crees que si la gente profundizase en sí
misma terminarían tantas ansiedades, frustraciones y sui-
cidios?

—Dime una cosa. ¿Por qué crees que los lamas, los mís-
ticos o los que practican la vida contemplativa son mucho
más sabios y felices que los demás?

—Pero, según esa teoría, los que estamos metidos en la
«rueda» del consumo, de las prisas y de esta sociedad del
siglo xx jamás encontraremos la paz...

—No. Al «viejo» se le puede hallar en cualquier parte y
en cualquier momento. Su presencia en cada uno de nosotros ni siquiera depende de nuestra voluntad. Está ahí desde el instante en que SOMOS. Lo que sucede es que muchos —la mayoría— no os percatáis de su existencia.

—¿Y qué pasa cuando uno muere? ¿Dónde va ese «ser» interior?

—Te repito que la única y auténtica identidad de cada persona la forma tan sólo ese SER. Y al salir de este mundo, cada hombre o mujer se manifiesta ante la Suprema Fuerza o Energía y ante sus hermanos como el YO que es.

—¿Por qué estamos entonces en esta vida?

—Para aprender.

No sé si hice bien. El caso es que aquella extraña «conversación» conmigo mismo quedó bloqueada por una no menos complicada mezcla de sentimientos. Y levantando los ojos hacia aquel firmamento en paz, me dejé arrastrar por un llanto limpio y silencioso.

Eran lágrimas sin explicación aparente. Mi corazón —quizá ese «ser» que también anida en mí— había sentido la nostalgia de otros tiempos o de otras «patrias», allí arriba...

Y así, envuelto en un sosiego que jamás olvidaré, vi rodar las estrellas y conocí mi primer amanecer en «Montaña Roja».

Tuve que sacar los dátiles de la pequeña fiambrera de metal. No tenía otra alternativa si quería calentar mi entumecido cuerpo con un poco de café.

En mi precipitación por subir al volcán había olvidado algo tan imprescindible como un simple recipiente donde poder caldear el estimado brebaje.

Y lo que no había hecho durante la fría noche tuve que hacerlo ahora, mientras el sol devolvía la vida a los verdes y ocres calcinados y rojos de la cadena del Timanfaya.

¡Cómo agradecí aquel tufillo y el tímido borboteo del café, brillante y vivo entre las altas llamas!

Dos largos palos de ahulaga me sirvieron de tenazas para sostener sobre el fuego la improvisada cafetera.

Y tras saborear mi ración de dátiles, a la que había aña-
dido una veintena de pasas y un par de galletas, apuré el
ahumado y amargo café.

Pero el cansancio terminó por cerrar mis ojos, y mis
proyectos de examinar el cráter con mayor calma quedaron
en suspenso.

Sorpresa en la exploración del volcán

Creo que lo que acabó por despertarme fue el sofocante calor y aquel sudor que empapaba mis cabellos y nuca.

Aquellas seis horas de profundo sueño a pleno sol habían sido toda una perfecta imprudencia. Debería, al menos, haberme cubierto la cabeza...

Puesto que no era mi intención abandonar la caldera para refrescarme en la costa de Rubicón, opté por «lavarme» y asearme con la ceniza del cráter, tal y como había visto hacer a los beréberes del África Septentrional. Ellos, en lugar de ceniza volcánica, suelen emplear arena. Pero tampoco era momento como para andar con exigencias...

Me despojé de todas mis ropas y procuré extenderlas sobre las rocas, de tal forma que pudieran airearse.

Después, con las botas como única prenda, me dirigí al centro de la caldera, donde la ceniza era más abundante. Y sentándome sobre la explanada, rocié y embadurné mi cuerpo con aquel polvo reseco, hasta quedar negro de pies a cabeza.

A decir verdad, sentí un profundo alivio.

Pero no era prudente exponerse al sol. Así que, tras sacudir la ceniza, me vestí de nuevo, prescindiendo esta vez de la pesada sahariana. Y, con el ánimo reconfortado por un nuevo y lento buche de café, me dispuse a concluir la exploración del cráter.

Si los OVNIS habían tomado tierra en aquella explanada, quizá pudiera encontrar alguna huella. Algún vestigio.

Para empezar, me encaramé otra vez a lo más alto del cráter, peinándolo metro a metro con los prismáticos.

Pero no pude hallar una sola señal.

Si las luces vistas por el comandante habían sido OVNIS, lo más probable es que éstos no llegaran a aterrizar. O quizá lo habían hecho sin dejar quemaduras. Tampoco sería el primer caso.

Puestos a especular, aquella caldera era un lugar ideal para un descenso de este tipo. Únicamente desde el aire —como ocurrió con Rafa Gárate— habría sido posible la observación de las naves.

Y yo sabía, a través de mis investigaciones, que estos seres suelen repetir sus apariciones en las mismas zonas...

Por tanto, cabía la posibilidad de que se produjera un nuevo aterrizaje en «Montaña Roja».

Pero esto sólo era un sueño.

Y muy lentamente inicié un minucioso reconocimiento del terreno. Caminando en círculo fui examinando cada piedra, cada palmo de ceniza, cada matorral.

Si los OVNIS habían situado uno solo de sus trenes de aterrizaje sobre el volcán, encontraría la huella. Tenía todo el tiempo del mundo por delante. Y los que me conocen saben que consigo cuanto me propongo.

El fuego de aquel sol canario parecía concentrarse en la caldera. Mi cabeza se veía atacada duramente por los rayos, y no tuve más remedio que protegerme con la sahariana, anudándola como si se tratase de un turbante.

Y proseguí el rastreo.

De pronto, cuando casi había completado la primera vuelta en torno al cráter, mis ojos quedaron fijos en un casi imperceptible aro de metal de unos 20 centímetros de diámetro y que apenas destacaba entre la ceniza.

¿Qué era aquello?

Me arrodillé junto a mi hallazgo y, antes de proceder a retirar la ceniza, intenté serenarme. Pero mi corazón se había disparado y fue preciso aguardar algunos minutos.

Por fin, temblorosamente, pasé las yemas de los dedos sobre el pequeño aro.

No cabía duda. Aquello era metal. Quizá hierro. Pero parecía muy oxidado...

Y grano a grano fui separando la tierra y la ceniza.

Pronto advertí que se trataba de una especie de cilindro. La cara superior era igualmente metálica. Sobre ella resaltaba un reborde que —medio sepultado por la ceniza— había confundido con un aro.

Conforme fui escarbando en torno al misterioso objeto, comprobé que se hallaba sólidamente embutido en la superficie del volcán.

Y, presa de una galopante curiosidad, rodeé el cilindro con ambas manos y me dispuse a extraerlo por la fuerza.

Fue entonces cuando me asaltó una grave duda: ¿Y si fuera una bomba?

La idea me paralizó. Y un sudor frío empezó a resbalar por mis sienes, al tiempo que retrocedía.

¿Era posible que me encontrase frente a un proyectil sin estallar?

En ese caso, ¿qué debía hacer?

El instinto de conservación me aconsejaba alejarme de allí. Poner tierra de por medio. Pero, por otro lado, una afilada y creciente curiosidad me mantenía junto al enmohecido artefacto.

Era como un reto. ¿Sería capaz de desenterrarlo sin provocar su explosión?

El «proyecto» se me antojó tan fascinante como peligroso. Si aquello era realmente una bomba y hacía explosión, adiós a todo.

Pero ¿por qué meterme en semejante berenjenal? Sencillamente, por amor al riesgo.

Creo que la mayor parte de los reporteros amamos la aventura y el peligro. De lo contrario, no seríamos reporteros.

Y yo me encontraba allí, «hablándole de tú» a lo que, sin duda, parecía un obús. Era emocionante.

Proseguí la excavación. Esta vez, infinitamente más despacio. Con mimo y con miedo. Con la tensión del que palpa la figura fría y voluptuosa de la muerte.

La ceniza iba desapareciendo en torno al cilindro.

«¿Y si fuera una mina?», pensé.

Pero, ¿qué hace una mina en lo alto de un volcán? No terminaba de entenderlo. ¿Tendría la cruz blanca alguna relación con este chisme?

Traté de no distraerme con estas reflexiones. Ahora lo que importaba era vencer al miedo. Sacar a la luz —intacta, claro— aquella posible bomba.

Cuando el cilindro afloraba ya entre 15 y 20 centímetros, detuve la operación. El sudor empapaba de tal forma mi frente, que las gotas discurrían hacia mis ojos y caían sobre la ceniza, humedeciendo el hierro.

La perforación en torno al objeto se hacía penosa, y, dirigiéndome al «campamento», busqué con qué seguir la excavación.

No pude encontrar un solo objeto punzante. Y tuve que sacrificar uno de los rollos de película para utilizar el chasis como improvisada cuchara.

Y reanudé la tarea con nuevos bríos.

Era evidente que el cilindro no se encontraba hueco del todo. El sonido emitido cuando lo golpeaba suavemente con el chasis era seco y propio de algo relleno. Pero ¿de qué?

Cuando calculé que el artefacto estaba ya prácticamente desenterrado, lo acaricié con ambas manos e inicié una serie de levísimos tirones.

Al tercer o cuarto intento, el proyectil —porque de eso se trataba, en efecto—, se desprendió y quedó entre mis manos.

La cabeza no existía. Y en su lugar —como consecuencia, sin duda, del choque—, quedaba una masa terrosa, que se desmoronó en cuanto la arañé con los dedos.

Con sumo cuidado volví a depositar el pesado obús entre las rocas de la pared del volcán, ocultándolo. Previamente había extraído una porción de aquella masa que parecía formar parte del contenido de la bomba.

Y aquella misma noche encendí otro fuego en el extremo opuesto al semicírculo de piedra. Cuando las llamas alcanzaron cierta altura, arrojé aquella pasta blanquecina en mitad de la hoguera. Casi instantáneamente, un fogonazo azulado multiplicó las dimensiones del fuego. No cabía duda. Había estado jugando con una bomba...

Un nuevo escalofrío me recorrió de pies a cabeza.

Pero las sorpresas no habían concluido en aquella jornada del 15 de junio de 1978.

Las mágicas ondas «alfa»

Aquella noche empecé a acusar una cierta debilidad. Noté incluso una incipiente flaqueza de ánimo. Y así lo reseñé en mi Diario.

El forzado ayuno, a base de pasas y dátiles y algunas galletas, estaba minando mi voluntad.

«¿Por qué no abandonar ahora, que todavía tienes fuerzas para emprender el descenso?»

«Los OVNIS no volverán.»

«Esta situación es ridícula y absurda.»

«¿Para qué te sirve?»

«Si te vieran tus amigos, ¿te comprenderían?» Éstos y otros muchos pensamientos me asaltaron ya desde aquellas fatigosas horas de la segunda noche en el cráter de «Montaña Roja».

Había llegado, pues, el momento de «contraatacar». Y una vez alimentada convenientemente mi única y fiel compañera —la roja y crepitante hoguera—, decidí llevar a cabo una profunda «entrada a nivel».

Pero antes de pasar a relatar mi experiencia en el «nivel o estado de alfa», creo que sería de utilidad tratar de explicar en qué consiste esta «entrada» y cómo, a su vez, me enseñaron a hacerla.

Debo adelantar que no rechazo jamás un sistema o procedimiento a través del cual se me asegure que puedo establecer cualquier tipo de «contacto» con los seres que tripulan los OVNIS. Vaya esto por delante.

Otra cosa es, naturalmente, que, una vez experimentado, me convenza o no.

Con el denominado «nivel alfa» me han ocurrido ya algunos sucesos incomprensibles.

Pero intentemos explicar la «técnica» para ingresar en ese tan especial estado de conciencia.

Por supuesto que cualquier persona puede lograrlo. No importa su edad ni su nivel cultural. En realidad, todos lo hacemos cada día, aunque de forma inconsciente.

Situé una de las mantas sobre la explanada del volcán y me senté de la forma más cómoda que fui capaz.

Cuando uno se encuentra en su casa, y no en la incómoda caldera de un cráter, todo resulta más fácil. Siempre es recomendable elegir una hora tranquila. Una hora del día o de la noche en la que el hogar esté ya en paz. Sereno y silencioso.

También resulta imprescindible acomodarse en un lugar relativamente apartado o aislado. Una habitación, por ejemplo, donde uno sepa que nadie va a molestarle.

Conviene efectuar el ejercicio sentado y con la espalda lo más rígida posible. De «entrar en alfa» tumbado en una cama o en un sofá, lo más probable es que uno se duerma.

De ahí la recomendación de utilizar una silla y, a ser posible, de respaldo bien alto y vertical.

A pesar de esta posición, aparentemente espartana, el cuerpo debe quedar lo más cómodo y suelto posible. Una vez cerrados los ojos y con las manos sobre las piernas, empieza la experiencia.

Lo que se llama «entrada en el nivel alfa» no es otra cosa que un control, en estado absolutamente consciente, de la mente.

Veamos.

Los científicos han comprobado que la insuperable

46

computadora que constituye nuestro cerebro emite varios tipos de ondas o impulsos eléctricos. Y las han bautizado con los nombres beta, alfa, delta y theta.

Pues bien, a cada modalidad de ondas le corresponde un estado general del organismo humano o viceversa. Beta es identificado con el estado de vigilia. Es decir, cuando estamos despiertos o desarrollamos cualquier tipo de actividad física. En este caso, los científicos han demostrado que nuestro cerebro «trabaja» entre los 21 y 24 ciclos cerebrales por segundo, aproximadamente.

Si reducimos ese índice, alcanzando incluso 7 ciclos cerebrales por segundo, la «computadora» nos habrá colocado en el conocido «nivel» o «estado alfa».

Si el cerebro prosigue su «descenso» en ciclos por segundo, el cuerpo humano experimentará las situaciones conocidas como delta y theta.

Estas últimas pueden ser asociadas al estado general de una persona anestesiada o en coma.

Pero centrémonos en el segundo: en alfa.

Las experiencias clínicas —a base de electroencefalogramas conectados a los cráneos de aquellos con quienes se ha ensayado— han demostrado que las ondas alfa se registran fundamentalmente cuando la persona duerme. Y, para ser más exactos, cuando sueña.

En este caso, lógicamente, el individuo no es consciente de su «entrada» en el «nivel de alfa». Pero la realidad objetiva y científica es que su cerebro está emitiendo ese tipo concreto de ondas o impulsos eléctricos, perfectamente diferenciados del resto.

Es precisamente en esa «situación alfa» cuando el organismo descansa y se regenera. Y por alguna razón que la Ciencia todavía ignora, esa persona se desequilibra si es privada de esos minutos de ensoñación o de emisión de ondas alfa. Si el hecho se repite sistemáticamente —y esto lo saben bien los expertos en torturas—, el organismo humano se quiebra y la persona fallece irremisiblemente.

Se ha comprobado igualmente que el descenso en los ciclos cerebrales por segundo va acompañado de un menor consumo de oxígeno y de una sensible disminución en el ritmo de las funciones metabólicas. En realidad, no se sabe si lo segundo es consecuencia de lo primero o al revés.

Es perfectamente comprobable cómo una persona reduce inconscientemente su gasto de oxígeno y el tono de las funciones de su organismo cuando duerme.

Todo lo contrario a un estado o nivel beta. Por ejemplo, en una carrera ciclista en la que, como se sabe, el consumo de oxígeno es muy considerable.

Como decía, la mayor parte de las personas «entramos» en el «estado alfa» de forma inconsciente. Nadie puede controlar esa situación cuando está dormido.

Ahora bien, ¿es posible llegar al «nivel alfa» de forma consciente y dirigida?

En este supuesto, ¿qué ocurriría?

El ser humano lo hace también una y cien veces al día, aunque no se percate de ello.

Pongamos algunos ejemplos:

Los niños.

¿Cuántas veces hemos sido testigos del juego de nuestros hijos? Resulta apasionante observarles. Con una mísera caja de cartón son capaces de «construir» el más soberbio y completo castillo medieval.

¿Y qué decir de esos «diálogos» con personajes o amigos que nosotros consideramos imaginarios y que el niño es capaz de crear y destruir con sólo desearlo?

La falta de información sobre las posibilidades de la mente nos ha llevado a los adultos a considerar tales actos únicamente como producto de una rica y envidiable imaginación. Sin embargo, al colocar unos electrodos en la cabeza de ese niño, los científicos han verificado que, mientras el pequeño juega, crea o «dialoga» con «amigos» invisibles, su cerebro está emitiendo las conocidas ondas alfa.

¿Y qué decir de los que «sueñan»... despiertos?

Todos lo hemos hecho. Algunos —como ocurre con las personas que gozan de un intenso mundo interior— «escapan» con tanta facilidad como frecuencia de la realidad que les envuelve a diario.

Pero, ¿qué hacen en verdad los que «sueñan despiertos»? ¿Se trata de pura y simple capacidad imaginativa?

La Ciencia nos enseña hoy que no.

Si conectamos el cerebro de uno de estos «soñadores» con los registros de un electroencefalograma, nos llevaremos una gran sorpresa. Cuando la mente de esa persona se «dispara» hacia las últimas colinas del cielo o cruza con Moisés el fondo milagrosamente seco del mar Rojo, cuando es capaz de «volar» a la altura de las farolas de su ciudad o, simplemente, se hace música o viento o es capaz de penetrar hasta el fondo de la llama de una vela, el cerebro de esa persona está emitiendo las todavía incomprensibles ondas alfa.

¿Qué es, entonces, «soñar despierto»?

¿Es, realmente, crear en una dimensión tan física como desconocida? ¿Es que podemos «construir» con lo que llamamos pensamiento?

¿Es que nuestros pensamientos son ya, en sí, algo tan físico y tangible como una rosa o un beso?

¿Qué nos reserva el futuro en este sentido?

En cierta ocasión —meses antes de llegar a «Montaña Roja»— conocí en Santa Cruz de Tenerife a un buen amigo. Un experto en electrónica que había logrado construir un prototipo asombroso. Con él —y así lo comprobé con mis propios ojos—, este investigador era capaz de «medir» la fuerza e intensidad de un pensamiento. Según la dirección que adoptaba la aguja de su «medidor», mi amigo podía descubrir si ese pensamiento era «positivo» o «negativo».

Pero había más.

Cuanto más hermosa y sencilla era esa idea —de acuerdo siempre con unos patrones universales—, el reloj del «medidor» alcanzaba unas cotas superiores. Si el creador de ese pensamiento desaparecía rápidamente de la sala, el registro seguía oscilando durante segundos o minutos.

Aquello —en opinión del científico canario— sólo podía significar que el pensamiento goza de una naturaleza y consistencia físicas, al margen incluso de la voluntad de su creador...

Pero ¿es que podemos imaginar algo más fantástico? ¿Qué clase de poder duerme todavía en la mente y, sobre todo, en la voluntad de esta criatura que llamamos «hombre»?

Por tanto, los que «sueñan despiertos» hacen mucho más que imaginar. Sin duda, crean. Y crean físicamente. Construyen fuera de nuestro propio espacio-tiempo, pero construyen...

Es posible que la Ciencia del futuro —la del siglo XXI— nos desvele definitivamente este misterio.

Según esto, resulta fácil intuir lo que sucede en la mente de los que hoy llamamos genios, artistas o creadores.

Todos ellos —al componer música, esculpir o idear— lo hacen siempre en el estado o «nivel alfa».

También se ha hecho la prueba con músicos consagrados. En mitad de un trance creativo, su cerebro emite ondas alfa...

Si después les preguntamos, casi todos coinciden en un hecho indiscutible: ellos han «visto», o «sentido», o «palpado» la música o la poesía o la mal llamada «inspiración».

Crear, en suma, siempre exige un descenso al «estado alfa».

Pero vayamos mucho más allá.

¿Qué hacen, en realidad, cuantos rezan?

¿Qué es, en definitiva, la oración profunda que nace de lo más sincero de nuestro corazón?

Si volvemos a colocar los electroencefalogramas a una persona que ora, el resultado será el mismo: poderosas y electrizantes ondas alfa.

Desde el prisma científico, la realidad del «nivel alfa» queda, pues, fuera de toda duda.

Una vez aceptado esto, ¿qué beneficios o ventajas puede proporcionar el conocimiento y, sobre todo, el dominio de ese estado?

Trataré de enumerar los más importantes, de acuerdo con las múltiples experiencias desplegadas en todo el mundo.

1. La mente, en dicho nivel, queda libre de las ataduras del espacio y del tiempo. Y es posible «proyectarse» a cualquier punto, dimensión o tiempo. Ese «salto» o «proyección» puede ser comprobable físicamente, tanto en el presente como en el futuro.

Uno de los ejercicios más comunes que ratifica lo que aquí expongo consiste en la «proyección mental» a la casa de algún pariente o amigo. Dicho domicilio, naturalmente, tiene que ser desconocido por completo para el que lleva a cabo la experiencia.

Una vez «proyectado» mentalmente hasta dicha casa, el que trabaja en el «nivel alfa» la recorrerá concienzudamente. Y se fijará hasta en el último de los detalles, muebles, etc.

Una vez concluido el «viaje», el interesado puede siempre verificar lo que ha «visto» con los «ojos» de la mente, con una visita —esta vez física— a la referida casa.

Las sorpresas, generalmente, son mayúsculas...

2. En el «estado alfa» es posible visualizar a personas conocidas o desconocidas que se encuentren en los lugares más remotos. Basta saber su nombre y apellidos, así como el punto donde residen.

3. Con la entrada en el «nivel alfa» es posible «programar» nuestros propios sueños.

4. Bastan unos minutos en alfa para relajar y descansar nuestro cuerpo un tiempo equivalente a las horas de sueño que deseemos.

5. Desaparece el insomnio.

6. Nuestra mente —siempre en el «nivel alfa»— puede emitir una energía tan enigmática como vivificante, capaz de curar, incluso, a distancia.

Y digo «enigmática» porque la Ciencia, en efecto, no ha logrado descubrir todavía su naturaleza. Sin embargo —al igual que sucede con nuestros pensamientos—, esa energía es tan física como puede ser la corriente eléctrica o los campos magnéticos.

Quizá el día que logremos medirla y utilizarla nos encontremos ante las puertas de toda una nueva Era.

Ese día quizá descubriremos, por añadidura, la mismísima esencia de lo que hoy bautizamos con el nombre de «oración».

Pero los «beneficios» del «nivel alfa» harían interminable esta lista.

Vayamos al grano. ¿Cómo entrar o descender al «estado alfa»? ¿Cuál es la técnica?

Tal y como señalaba anteriormente, todos lo hacemos de forma inconsciente. En ocasiones, incluso varias veces al día.

He aquí el ejemplo más común:

¿Por qué cada vez que nos sentimos apurados, nerviosos o ante una grave situación, realizamos una o varias y profundas inspiraciones? ¿Por qué?

Esa reacción —la mayor parte de las veces incontrolada e inconsciente— termina generalmente por sosegarnos. Pero ¿por qué?

La explicación nos la ha dado ahora la Ciencia. Cada vez que el ser humano practica esas inspiraciones profundas, su cerebro reduce el número de ciclos por segundo y «entra» en el «nivel alfa», aunque sólo sea unos segundos.

Es precisamente ese cambio en nuestro cerebro —una variación mental casi automática— el que nos devuelve la seguridad en nosotros mismos.

Asombrosamente, la genial «computadora» que llevamos en nuestro cráneo hace saltar el «automático» y el organismo entero se ve desconectado de esa situación difícil o angustiosa. Y lo mismo sucede cuando, en micras de segundo, pasamos de un pensamiento a otro.

El niño, el artista, el místico o cualquiera de nosotros puede pasar de un nivel beta a otro alfa con sólo proponérselo. En realidad es como cambiar la posición de una clavija.

Pero, naturalmente, hay otro procedimiento mucho más depurado para entrar en el mágico mundo de las ondas alfa. Un sistema absolutamente controlado, en el que la persona permanece totalmente consciente de sí misma y de la realidad que le rodea en ese momento.

Y me dispuse a iniciar el experimento.

¿Un «vuelo» sobre la caldera?

Como he dicho, me senté sobre una de las mantas.

Y antes de iniciar el «descenso», mientras cruzaba las piernas y hacía descansar mis manos sobre las rodillas, dirigí una última mirada al firmamento.

Había cirros de plata que ocultaban una incipiente luna. Y mi corazón se estremeció.

Cerré los ojos y empecé por hacer varias, profundas y lentas inspiraciones.

Con la misma lentitud fui expulsando el aire, al tiempo que preparaba mi cuerpo para una relajación total.

Mentalmente —siempre con los ojos cerrados— empecé a «recorrer» todas y cada una de las partes de mi organismo. Y fui repitiendo en mi interior:

«EL CABELLO... MI CABELLO ESTÁ EN REPOSO... DESCANSADO...»

Sentí mis cabellos y el cuero cabelludo. Y los sentí relajados.

«... MI ROSTRO... TAMBIÉN ESTÁ DESCANSADO... MI CABEZA, POR DENTRO Y POR FUERA, ESTÁ YA RELAJADA...»

Muy lentamente, sin ninguna prisa, procuré la relajación de todo mi cuerpo, tanto en su parte interior como en la exterior. Esta labor fue acompañada con frecuentes inspiraciones. Cuando rematé la relajación total, el cuerpo —y muy especialmente los brazos y manos— parecían cartón o madera.

Era una sensación agradable. Me sentía en paz. En armonía con mi propio corazón.

Y me ordené mentalmente:

«YA ESTÁS EN EL NIVEL MÁS PROFUNDO.»

Nuevas inspiraciones y una segunda orden:

«PARA ALCANZAR UN NIVEL MÁS Y MÁS PROFUNDO, VISUALIZARÁS EN TU MENTE LOS NÚMEROS, DEL 1 AL 10, HACIENDO COINCIDIR CADA NÚMERO CON UNA CADA VEZ MÁS PROFUNDA INSPIRACIÓN.»

Y así lo hice.

Al visualizar en mi mente el número siete, insistí:

«YA ESTÁS EN UN NIVEL MÁS PROFUNDO... MÁS Y MÁS PROFUNDO.»

Al terminar la cuenta deseé «salir» de mi cuerpo. Y así fue. Y como ya había sucedido en otras ocasiones, me sentí flotar en el espacio negro de aquella caldera volcánica.

Pero no podría o no sabría decir a ciencia cierta si lo que ahora «volaba» sobre aquellas rocas era mi mente o mi espíritu o, simplemente, mi imaginación.

Pero tampoco deseaba averiguarlo. Tan sólo quería vivir. Sentir y apurar al máximo aquella sensación de ingravidez y de transparencia.

Era divertido. Frente a mí, con la cabeza ligeramente inclinada sobre el pecho, estaba yo mismo... Pero, ¿cómo podía ser «yo», si era consciente de que estaba fuera?

Sin tocar la ceniza, flotando dulcemente, empecé a girar en torno a mi cuerpo. Me asombró ver mi propia espalda y la nuca.

El aleteo rojizo de la hoguera iluminaba uno de mis costados. Aquello me dio una idea.

¿Qué podría suceder si me acercaba al fuego y lo tocaba? ¿Me quemaría?

Y como el niño que conoce ya la respuesta, introduje mi mano derecha entre las lenguas chisporroteantes. Pero no hubo sensación. Ni dolor. Ni las llamas alteraron sus ondulaciones.

Abriendo los brazos deseé volar. Y, sin saber cómo —sólo por mi voluntad—, me vi disparado hacia lo más alto. Y juraría que sentí en mis «oídos» el zumbido del aire y el frescor de las capas más altas. Pero eso era imposible.

Me detuve. Abajo, entre tinieblas, distinguí las luces de Playa Blanca y el barrido incansable del faro de Pechiguera sobre el océano. Y, mucho más al Norte, el tintineo de las luces de Yaiza.

Pero, ¿realmente lo estaba viendo, o todo era fruto de mi imaginación? «Montaña Roja» casi había desaparecido, confundida entre los lomos negros de la cadena montañosa. Tan sólo la hoguera se distinguía con dificultad y como un mísero punto rojo.

Sabía que tras un ejercicio de esta índole —especialmente gracias a la profunda relajación a que había sometido mi organismo—, las restantes horas en el cráter podrían resultar soportables. El agotamiento —estela inevitable del fuerte ayuno— quedaría atrás, al menos durante algún tiempo.

Y reforcé aún más la profundidad del «nivel alfa» con varias y lentas inspiraciones.

Si aquellas «sensaciones» se debían única y exclusivamente a mi imaginación, ¿cómo podía ser tan necio de no experimentarlas con más frecuencia?

«Mañana, a las once de la noche...»

Lo más desconcertante es que, a pesar de aquel infinito en el que «flotaba» —negro como ala de cuervo—, mi disposición era la de alguien feliz y acompañado.

Pero, ¿por quién?

Fue absurdo mirar a mi alrededor, lo sé.

Arriba, sólo millones de ojos azules me cerraban el paso.

¿O no?

Y traté de averiguarlo.

Pegué mis brazos al «cuerpo» y puse rumbo hacia aquella playa de estrellas y luceros.

¡Más rápido..., más rápido...!

Era un desafío. Un placer. Un «hallazgo» que ese otro «ser» —quizá el que ahora volaba— «reconocía» como un don propio largamente relegado en el desván de su eternidad.

Y ahora, aunque sólo fugazmente, volvía a recuperarlo.

Frené. Quizá me había alejado demasiado.

Abajo, el planeta Tierra giraba a más velocidad de lo que hubiera supuesto. Tampoco era azul, tal y como yo mismo había visto en las fotografías tomadas por los astronautas.

Algo menos de la mitad del perfil de aquella bola de obsidiana brillaba con una luz blanca. Comprendí que el amanecer avanzaba hacia esta cara oscura del mundo.

«Sentí» miedo.

El fondo opaco del espacio aparecía ahora cuajado de miles de millones de puntos brillantes como luciérnagas.

Pero ¿qué era aquello?

Estaban también a mi alrededor. Y aunque indudablemente tenían o reflejaban luz, no era suficiente para iluminar el vacío.

Extendí mis brazos en cruz y giré y giré sobre mí mismo. Pero aquellos puntos de luz seguían allí. Ni uno se desplazó un solo milímetro.

Otra vez las palabras me cerraban el paso.

Quizá en aquel instante yo estaba más cerca que nunca de la Verdad.

Pero, entonces, si ésta era la Verdad, ¿qué hacía yo atrapado en aquel cuerpo denso y limitado que me esperaba en la explanada del volcán?

Y me dejé caer.

No importaba la velocidad. Yo sabía que frenar resultaba lo más cómodo del mundo. Bastaba con querer.

El «reingreso» en mí mismo fue vertiginoso. Con la violencia de dos potentes imanes.

Recuerdo que hice una nueva y profunda inspiración. Y ordené de nuevo a mi mente:

«A LA CUENTA DE TRES SALDRÁS DEL "NIVEL ALFA" Y TE ENCONTRARÁS EN PERFECTO ESTADO DE SALUD... Y MUY FELIZ...»

Mentalmente visualicé el número «1» y después el «2» y, por último, tras una larga inspiración, el número «3».

Y abrí los ojos.

El cráter seguía a oscuras. Sólo las brasas agonizaban ya entre el rojo y el gris. Me froté la cara con ambas manos y traté de pensar, de recordar. Y pude hacerlo con nitidez. La experiencia me había descansado. Eso era evidente. Mi anterior decaimiento se había extinguido, y sólo el hambre crecía en mi vientre con un dolor lejano.

Me levanté y caminé hacia el centro de la caldera. Y

mientras preparaba una nueva carga de leña, me vi asaltado por un pensamiento:

«MAÑANA, A LAS ONCE DE LA NOCHE... MAÑANA, A LAS ONCE DE LA NOCHE... MAÑANA.»

Aquella idea tableteaba en mi cabeza como una ametralladora.

¿Mañana? ¿A las once? ¿Qué quería decir este pensamiento? ¿Y por qué se repetía de esta forma en mi cerebro?

Por si las moscas, dejé la leña y volví a sentarme junto a la candela. Tomé mi cuaderno de notas y escribí cuanto había visto y sentido en aquella mi segunda noche en la soledad en «Montaña Roja».

Tras avivar la hoguera, me recosté en el interior del semicírculo de piedra, envuelto hasta las orejas en las mantas.

Pero no pude conciliar el sueño. ¿Qué me había ocurrido?

¿Había «viajado» realmente en el astral, o todo era un sueño?

Sumido en estas meditaciones, y no menos atento al firmamento, esperé un nuevo día.

Un círculo de tierra quemada

Acaricié la última botella de café. Poco había durado. Junto a las piedras, tiznadas ya por tantas horas de fuego, había ido alineando las otras cuatro, ya vacías.

Con el preciado líquido negro entre las manos, pensé qué debía hacer en aquella nueva jornada. .

Pero la falta de alimentos me había debilitado considerablemente. Y, sin oponer la menor resistencia, volví a dormirme. Eso era lo que deseaba.

Tampoco sé cuándo desperté. Mi reloj señalaba las dos de la tarde. Pero, ¿de qué día? ¿Era viernes, como creía, o lunes?

Resulta tétrica la facilidad con que el ser humano llega a perder la noción del tiempo.

Para colmo, los dátiles se habían terminado. Contabilicé las pasas y galletas. En total —y después de registrar las mantas y hasta la ceniza que alfombraba el piso del «campamento»— dieciocho frutos secos y media docena de galletas, duras como leños.

No era un futuro muy alentador.

Sin embargo, en mi mente, seguía vivo aquel súbito pensamiento que me había abordado la noche anterior.

«A LAS ONCE DE LA NOCHE... A LAS ONCE...»

«Nada se pierde con esperar unas horas», comenté en voz alta. Y me dispuse a limpiar el polvo y la ceniza que ponían en peligro la integridad del filtro ultravioleta de mi teleobjetivo.

Necesitaba desentumecer los músculos. Así que, sin prisas, procurando no consumir demasiadas energías, me situé en lo alto de una de las paredes del cráter.

Al principio no caí en ello. Pero estaba allí. A cosa de veinte o treinta metros del semicírculo de piedra.

Me puse en pie como un autómata.

«¡Diablos! Pero ¿cómo no me he dado cuenta mucho antes?»

Traté de no perder los nervios.

«¡Calma, muchacho!»

E intenté animarme. Pero fue inútil. Mi corazón se había desbocado como un potro en celo...

¿Qué era aquel círculo perfecto que tenía ante mí y en plena caldera del volcán?

Me froté los ojos.

«¿Será que empiezo a ver visiones?»

No, cuando volví a mirar, el círculo seguía allí, como un grito blanco sobre la ceniza.

En los días anteriores había pasado varias veces por aquella zona. Y ese círculo no estaba allí.

Pero entonces... Corrí hacia la explanada y al galope, saltando entre la lava, llegué al semicírculo de piedra.

Traté de recomponer la escena de la noche anterior.

«Sí. Eso es —me dije—. La entrada a "nivel alfa" fue aquí mismo, junto al "campamento". Recuerdo cómo las llamas de la hoguera iluminaban mi costado.

»Pero eso pudo nacer en mi imaginación.

»Además —intenté tranquilizarme—, aunque el "viaje" hubiera sido real, yo no vi OVNI alguno.

»No logro entender el origen de este círculo.

»Y estoy seguro de no haberlo visto antes.»

Oculté el rostro entre mis manos y permanecí unos segundos con la mente en blanco. Trataba de recordar...

Fue inútil. Al levantar nuevamente la vista hacia la explanada, la mancha circular seguía allí, rotunda como una pedrada.

«Siempre cabe la posibilidad de que esa huella estuviera ahí mucho antes, incluso, de que yo apareciese en la caldera.»

Pero el razonamiento no acababa de convencerme. Estaba seguro de no haberla visto con anterioridad.

Vertí un buen chorro de café en la fiambrera. Y lo apuré sin prisas.

«Busquemos una explicación racional.

»¿Has estado solo en estos últimos días?

»Evidentemente, sí.

»Hay que descartar, por tanto, que esa mancha haya sido obra de cazadores.

»¿Cazadores? ¿Aquí? Ridículo.

»Sí. Busquemos otra cosa.

»Tampoco recuerdas tormenta alguna. Ya sabes, quizá una chispa eléctrica.

»¿Dónde quieres ir a parar? Hace meses que no cae una sola gota de agua en toda la isla

»Además, ¿es que hubiera dejado un círculo perfecto?

»No.

»¿Qué nos queda?

»Pues no sé.

»Piensa, por favor. Es importante que encontremos esa explicación lógica.

»Es que no se me ocurre nada.

»Piensa, ¡maldita sea!

»Lo siento.»

Llegado a este punto me puse nuevamente en pie. Y, mientras caminaba hacia el círculo, noté cómo me temblaban las piernas. Pero lo achaqué a la debilidad.

Me detuve a un paso de aquella mancha y la rodeé muy lentamente. Tendría unos 20 metros de diámetro y formaba, efectivamente, un círculo perfecto.

Me coloqué en cuclillas y extendí mi mano izquierda, dispuesto a tocar aquella superficie, evidentemente calcinada.

Contuve la respiración y posé la palma sobre la tierra. Recibí una clara sensación de calor. «También puede deberse —pensé— a las ya numerosas horas de exposición al sol.» Pero algunas de las retamas estaban igualmente calcinadas.

Esto era importante. Antes de penetrar en el círculo para retirar algunas muestras de ceniza y de los pequeños arbustos blanqueados, regresé a lo alto de la pared del cráter y fotografié la supuesta huella.

Acto seguido, y procurando siempre entrar y salir del círculo por el mismo camino, dediqué todo mi interés a la localización de posibles orificios. Si se trataba de un descenso OVNI, y éste había tocado el terreno, era probable que sus trenes de aterrizaje hubieran quedado impresos.

Pero por más que inspeccioné, el resultado fue siempre negativo. Algo estaba claro en mi cerebro: si aquello lo había provocado un OVNI, sólo pudo tener lugar mientras yo dormía. ¿Qué otra explicación me quedaba?

El resto de aquel 16 de junio de 1978 lo ocupé en reunir todo tipo de mediciones y notas, tanto sobre el misterioso círculo como sobre mis reflexiones en torno a aquellos hechos.

Y antes de que el océano terminara de teñirse con el llanto púrpura del sol, tomé posiciones en la más elevada de las rocas del cráter. Y preparé las cámaras, prismáticos y linterna.

Sin duda, me aguardaba una noche poco común.

A la espera, en la oscuridad

La brisa del Este me trajo al principio la parca fragancia de las tabaibas y cardones que crecían en la ladera de «Montaña Roja».

Pero, conforme fue creciendo la marea, aquella brisa cobró fuerza, y antes de que pudiera saludar a las primeras estrellas, me vi en la necesidad de guarecerme bajo una de las marfileñas mantas «esperanceras».

Así y todo, el viento se tornó tan obstinado, que hasta la respiración se hizo trabajosa.

No obstante, aquella noche no me habría hecho bajar de la pared del volcán ni el más rebelde de los huracanes.

Y seguí aguardando.

«A LAS ONCE DE LA NOCHE...»

La idea, o la «llamada», o la premonición, o mi pensamiento acudía de vez en vez a mi corazón. Y conforme entraba la noche, una oleada de fuego y sangre ascendía desde mi vientre hasta las sienes, tensándolas. Y empezaron a sudarme las palmas de las manos.

¿Tenía miedo?

No, lo juro. Esta vez no. Esta vez estaba dispuesto a todo. Con el único fin de distraerme y matar el tiempo —el reloj señalaba ya las diez de la noche—, revisé los diafragmas y velocidades de las Nikkormat. Todo estaba en orden. De momento, y por lo que pudiera pasar, dispuse los objetivos en su máxima abertura y las velocidades, en un octavo de segundo, como era mi costumbre en «situaciones» como la presente.

¡Tenía gracia! ¿A cuántos «avistamientos» OVNI como éste había acudido en los últimos cinco años?

No podría calcularlos. Quizá un centenar.

A pesar de todo, cada nueva «cita» encerraba el mismo o mayor misterio que la primera, en los inolvidables arenales peruanos de Chilca, donde se presentaron dos OVNIS.

El alma parecía estremecerse con la sola idea de su aparición.

Y yo, de alguna manera, sabía que aquella noche iban a presentarse. No sé cómo, pero lo sabía.

«Las diez y media...»

El crepúsculo había recobrado toda su belleza. Ni una nube en cien kilómetros a la redonda. ¡Si no fuera por aquel viento que hacía clamar a las piedras!

«Las diez y cuarenta minutos.»

Una lluvia de «estrellas fugaces» me puso en alerta total.

Sin duda se trataba de algún grupo de las llamadas «perseidas». Y me tranquilicé.

«Las diez y cincuenta.»

Hice un nuevo rastreo en el gran brazo de la Vía Láctea. Los prismáticos oscilaban demasiado y tuve que limitar la observación a la simple vista.

¡Nada! Ni un solo punto de luz deslizándose por entre las constelaciones.

¡Nada de nada!

Y ya era la hora.

Empecé a intranquilizarme.

«Estos "tíos" nunca han sido puntuales», pensé como si aquella «cita» con los OVNIS fuera lo más natural del mundo...

«Las once y diez.»

A pesar de las violentas rachas de viento, me puse en pie sobre la lava y pulsé el interruptor que alimentaba el foco de cuarzo.

En mitad de las tinieblas de aquel volcán apagado y perdido, los dos kilómetros de luz blanca, intensa, perfectamente cilíndrica, se elevaron hacia el espacio, más que como una señal, como un grito.

Si alguna vez un ser humano ha podido transformar en luz sus deseos, ésta era una de ellas.

Comprimiendo al máximo las mandíbulas, levanté el foco por encima de mi cabeza y, sujetándolo con ambas manos, tracé en la oscuridad un lento —muy lento— y espectacular círculo de luz.

La autonomía de la linterna, según los técnicos que la habían fabricado, era de una hora y media, aproximadamente. Y yo estaba dispuesto a consumirla.

Quizá, en el fondo, ni siquiera los OVNIS me importaban ya. Era algo más intenso, más fuerte, lo que me sostenía en aquella medianoche, en pie, en mitad de la nada y con mi espíritu prolongado a través de aquel chorro de luz.

En el silencio, mis sentimientos también se hicieron luz y deseé —como jamás me ha ocurrido— abandonar la ceniza de «Montaña Roja» y regresar a mi verdadera «patria», en algún lugar de las estrellas.

Por unos segundos, aquella espada de luz se mantuvo absolutamente vertical y transmitió a los cielos cada una de mis pulsaciones, de mis miedos, angustias y esperanzas.

Después apagué la linterna y me dejé caer sobre las rocas.

Cuando pude, me pregunté a mí mismo el porqué de aquel llanto entrecortado.

Pero no supe definirlo. En realidad lloraba de melancolía. Con la nostalgia de un «mundo» —el mío— que nada tenía que ver con la Tierra y que, a veces, como ahora en lo alto de «Montaña Roja», echaba de menos.

Y recordé aquella vieja canción quechua:

¡Oh, grandes padres,
que después de haber sembrado frutos escogidos
sobre un planeta árido e inculto,
nos habéis abandonado, como flores sin rocío!

Guardianes de una tierra en crecimiento,
llegue hasta vosotros este canto de espera y dolor.
Las mieses están ya maduras,
los árboles han crecido y han producido en abundancia.

Nuestro deber ha terminado.

Los hijos de nuestros hijos,
nacidos en el surco de una tierra extranjera,
olvidarán —pudiera ser— vuestra promesa.

Pero nosotros, fruto de la Sabiduría llegada del Cielo,
no hemos borrado de la mente el rostro de los padres.

Y cada día y noche que este planeta concede
escrutamos atentos las nubes,
esperando veros volver sobre los carros de fuego,
a recoger lo que habéis dejado.

OVNI sobre el cráter

A veces ocurren estas cosas.

Uno permanece horas pendiente del cielo y, cuando se descuida unos minutos...

Yo seguía sentado sobre la pared del cráter, con la cabeza apoyada entre las rodillas. Mis lágrimas habían cesado.

De pronto me llamó la atención un hecho singular en el que no había reparado:

¡El viento había desaparecido!

No se apreciaba ya el menor asomo de brisa.

Fue entonces, al levantar el rostro, cuando un latigazo de emoción me paralizó.

«¡Oh, Dios...! ¿Qué era aquello?»

Estaba frente a mí. Y era redondo. ¡No, no del todo! Quizá algo más estrecho por su parte inferior.

¡Jesucristo, qué brillo!

«Aquello» tenía una luz blanca en su centro, y los contornos eran amarillos y naranjas. Pero todo formaba un único e intensísimo conjunto luminoso.

Ni siquiera me incorporé. Estaba como absorto. Me sobrecogieron el silencio y la majestuosidad de «aquello» que había aparecido en la vertical del cráter y a tan escasa altura que, de haber podido, quizá le hubiera alcanzado con una piedra...

No se movía. E instintivamente, sin apartar mis ojos de la luz ni por un segundo, deslicé mi mano derecha hacia la cámara fotográfica, que reposaba sobre la ceniza. Mis dedos se aferraron al teleobjetivo, y por el tacto supe que se trataba del 200 milímetros.

«Bien —me dije—, es suficiente, siempre y cuando se mantenga a esa distancia. Aunque sería mucho mejor que se aproximara un poco.»

En aquel instante, cuando yo apenas acababa de formular este deseo, el OVNI aumentó su luminosidad y me dio la sensación de que se hacía más grande.

Y, ¡oh, Dios!, como si hubiera leído mi pensamiento, empezó a aproximarse con extrema lentitud. Como si no se fiara. En total silencio. Sentí una cadena de escalofríos que me recorrían la columna vertebral. Y un fuerte calor me erizó el cabello. ¿O era el miedo?

Por un momento deseé correr. Escapar ladera abajo. Y creo que si no lo hice fue única y exclusivamente por un último aldabonazo de mi instinto de conservación. Una carrera en aquellas tinieblas hubiera desembocado en una caída mortal entre las peñas.

Además, ya tenía la cámara frente a mis ojos. Tragué saliva y busqué aquella «luna volante» en mi visor.

«¡Ya te tengo!»

Y, con las manos húmedas por el sudor y la emoción, apreté el disparador. Jamás el sonido metálico de la cortinilla de mi cámara había sonado tan espléndidamente.

No tuve tiempo para más.

El objeto, estático de nuevo, pareció vibrar e incrementó aún más su luminosidad. Desapareciendo en cuestión de décimas de segundo.

Y allí quedé yo, más paralizado que otra cosa. Estupefacto. Con la cámara entre las manos y la boca entreabierta.

Cuando recobré el aliento, consulté mi reloj.

Eran las doce y diez de la noche...

«Aquello» —un OVNI, una nave o lo que fuera— había desaparecido sin dejar rastro. Era como si se hubiera desmaterializado.

Pero, ¿por qué habían llegado con una hora de retraso?

Cuando quise darme cuenta, el viento —que había empezado a soplar con renovados bríos— me dejó sin la manta. Fue inútil rastrear entre la lava de la cara externa del volcán. Era preciso aguardar al amanecer...

Algo me decía que ELLOS no volverían ya aquella noche. Retorné al «campamento», procurando alimentar la hoguera de tal forma que su luz me permitiera seguir escribiendo en el Diario.

Y una nueva duda —no menos horrorosa— empezó a roerme: «¿Habría salido aquella única foto del OVNI?»

«Bueno —me respondí casi automáticamente—, ¡y qué más da! ¿Es que puede haber alguien en el mundo que crea todo esto?»

Una hora de adelanto

Mi última noche en la soledad del cráter la dediqué casi por entero al sueño. La preocupante debilidad me dejó casi postrado. Y sobre mi corazón pesaban ya demasiadas emociones.

Si aquella noche hubo o no OVNIS sobre la caldera, honradamente, lo ignoro.

Y con las primeras luces del domingo, 18 de junio, recogí mis cosas e inicié un pausado descenso, en dirección al faro.

Antes de abandonar «Montaña Roja» me arrodillé en el centro de su caldera y besé la ceniza. Y di gracias a Dios por su constante presencia junto a este pobre reportero.

Horas más tarde aparcaba junto a Casa Salvadora. Mi aspecto debía de ser tan deplorable, que el propietario y los paisanos me obligaron casi a sentarme a una de las mesas, junto al mar, y a devorar media despensa.

Fue allí, en Playa Blanca, cuando, casi a punto de despedirme de aquella buena gente, comprobé que mi reloj marcaba la hora de la Península y no la del archipiélago.

¡Oh, cielos! Esto significa que había vivido todo ese tiempo en la caldera del volcán con una hora de adelanto.

«Pero, entonces —pensé con gran alegría—, el avistamiento del OVNI en la noche del viernes no fue a las doce, como yo creía, sino a las once.»

Y ésa, precisamente, había sido la hora prevista.

Puedo jurar que mi regreso a casa fue mucho más feliz de lo que yo hubiera imaginado.

La necesidad de una decisión

Algo había aprendido en todos aquellos años, en mi constante persecución de los que dicen haber visto OVNIS, así como tras el rastro de las propias naves. Algo que ahora se revelaba como de gran utilidad.

Después de no pocos disgustos, y ante la indiferencia y casi general burla de mis colegas, había aprendido a guardar silencio. No importaba qué clase de noticia OVNI hubiera logrado.

Yo sabía que a la mayoría de los profesionales del periodismo, aquel asunto les traía sin cuidado. Así que, a mi vuelta de Lanzarote, apenas si crucé algunas frases con los compañeros del periódico.

Y me limité a escribir mis experiencias en el fondo del volcán. No todas, claro.

Pero la tristeza que llegué a experimentar por aquel nuevo y forzado silencio sobre lo que yo había visto y vivido en «Montaña Roja» desapareció a las escasas 48 horas de mi retorno a la capital vizcaína.

Había tenido suerte con la única diapositiva que logré hacer de aquel OVNI, la noche del 16 de junio de 1978.

¡Allí estaba! Brillante. Con aquella luz blancoamarillenta que jamás se borrará de mi cerebro.

¡Cuántas horas, Dios mío, he pasado contemplando esta fotografía! ¡Y cuántas emociones y recuerdos resucita en mí!

Pero, por esas cosas del destino, ni la serie de reportajes, ni la instantánea del OVNI llegaron a publicarse jamás.

A la subterránea labor de zapa de algunos elementos de la redacción respecto al tema OVNI, hubo que añadir por aquellas fechas el asesinato de mi compañero y redactor-jefe, José María Portell.

ETA lo acribilló a balazos cuando, en la mañana del 28 de aquel mes de junio, acababa de entrar en su automóvil y se disponía a cubrir los quince kilómetros que separan Portugalete, donde vivía, de la redacción del periódico, en Bilbao.

Aquello fue un mazazo para todos. Tuve que tomar el mando de la sección de los reporteros y esto me apartó durante algún tiempo de las investigaciones OVNI.

Y los cuatro días en el cráter de «Montaña Roja» quedaron inéditos. Sólo ahora me he decidido a publicarlo.

Sin embargo, aquellos meses de forzado descanso en mis correrías iban a ser mucho más importantes de lo que yo calculaba.

Raquel, por enésima vez, fue paciente testigo de mi nerviosismo y de mi creciente inquietud. Los casos OVNI seguían llegando y engrosando mis archivos. Y yo continuaba con las manos atadas, sin posibilidad de movimiento.

Fue en mitad de esa turbulencia psicológica donde tomé una firme decisión:

«Debo alejarme por algún tiempo del periodismo activo y trabajar —al ciento por ciento de mis fuerzas y capacidad— en la investigación OVNI.»

Las pruebas que había logrado reunir, después de casi 300.000 kilómetros tras ELLOS, eran tan abrumadoras que todo mi ser se rebelaba ante la indiferencia y falta de información de buena parte de la sociedad.

Era y es preciso mostrar a los que dudan lo que verdaderamente está pasando en nuestros cielos. Lo que guardan los gobiernos —y muy especialmente los militares— en sus archivos. Lo que, en definitiva, hay más allá de nuestro mundo.

Mi «encuentro» en «Montaña Roja» pesaba demasiado para ser guardado.

En sucesivas conversaciones hice ver a Raquel lo mucho que significaba para mí aquella decisión.

Era, en suma, como intentar ser fiel a uno mismo. Y ella, mucho antes incluso de que yo hablase, supo lo que hacía tiempo germinaba en mi corazón.

Una vez adoptada la decisión, todo fue más sencillo de lo que cabía imaginar.

En la primavera de 1979 quedaron ultimados los detalles. Y el sueño se hizo realidad: me había convertido en el primer periodista que dedicaba todo su tiempo a la investigación primero y a la difusión después del todavía oscuro y polémico fenómeno OVNI.

Y jamás me sentí tan feliz.

La noche se «volvió» verde

Pronto me encontré nuevamente tras ELLOS.

Esta vez, el testigo principal del avistamiento era un comandante de la compañía Aviaco.

Después de no pocos intentos logré entrevistarme con Julián Rodríguez Bustamante, en el Hotel Barajas, en Madrid.

He aquí lo vivido por este también veterano piloto y por la totalidad del pasaje que volaba con él en una noche del otoño de 1968:

—Recuerdo que venía José Luis Ibáñez como segundo piloto. El vuelo lo hacíamos en un avión Fokker entre Tenerife y Las Palmas. Serían aproximadamente las diez de la noche. El avión lo llevaba en ese momento el segundo y yo me dedicaba a las comunicaciones. De pronto miré hacia mi izquierda y vi una especie de estrella —un punto de luz— que se movía. Estábamos ya muy cerca de la costa de Gran Canaria y la verdad es que al principio no le di demasiada importancia. Se ven tantas cosas en el cielo... Pero, de repente, aquel punto blanco que se movía en el horizonte avanzó hacia nuestro avión a tal velocidad, que en segundos o décimas de segundo se colocó junto al plano izquierdo.

—Es decir, junto al ala.

—Sí. Yo, claro, me quedé sin habla. ¡Aquella luz, de unos tres metros de diámetro, había llegado hasta nosotros en rumbo de colisión! Al verlo venir, y a semejante velocidad, pensé lo peor. No hay un solo cuerpo que pueda desacelerar en tan corto espacio. Y aquello se precipitó sobre nosotros como un meteoro. ¡Pero, súbitamente, se quedó inmóvil! No tuve que decirle nada a Ibáñez. Él mismo se dio cuenta. Y es que, además, ocurrió algo que nos sobrecogió a todos. La luz rojiza que llevamos en la cabina fue absorbida por la luminosidad que despedía aquel objeto. Todo, desde los instrumentos a nosotros mismos, quedó bañado por una luz verdeazulada, casi metálica. No se trataba de una luz fija. Hacía intermitencias y muy rápidas.

—¿Y qué hicisteis?

—Nada. El segundo me preguntó qué pasaba y, a los pocos momentos, entró en la cabina la azafata, toda verde de arriba abajo, preguntando qué era «aquello».

—¿Lo vieron también los pasajeros?

—Claro. Sobre todo los del costado izquierdo. Aquella intensa y parpadeante luz verdeazulada llenó también el interior del avión. El objeto siguió «pegado» al plano izquierdo durante dos o tres minutos, aunque a mí me pareció un siglo.

—¿A qué distancia?

—Es muy difícil calcular. Sin embargo, tenía que estar muy cerca, puesto que su luz nos «comió» materialmente la de la cabina.

—¿A una milla?

—¡No, no! Mucho menos. Quizá a 20 o 30 metros. Me preocupé por los instrumentos, pero comprobé que no se producía ninguna alteración de tipo magnético. Entonces, el objeto hizo una especie de guiño y descendió de nivel, subiendo de nuevo hasta la altura del plano. Y antes de que pudiéramos reaccionar, volvió a alejarse en dirección Norte, por donde había llegado. Y lo hizo a idéntica velocidad. ¡Algo espantoso!

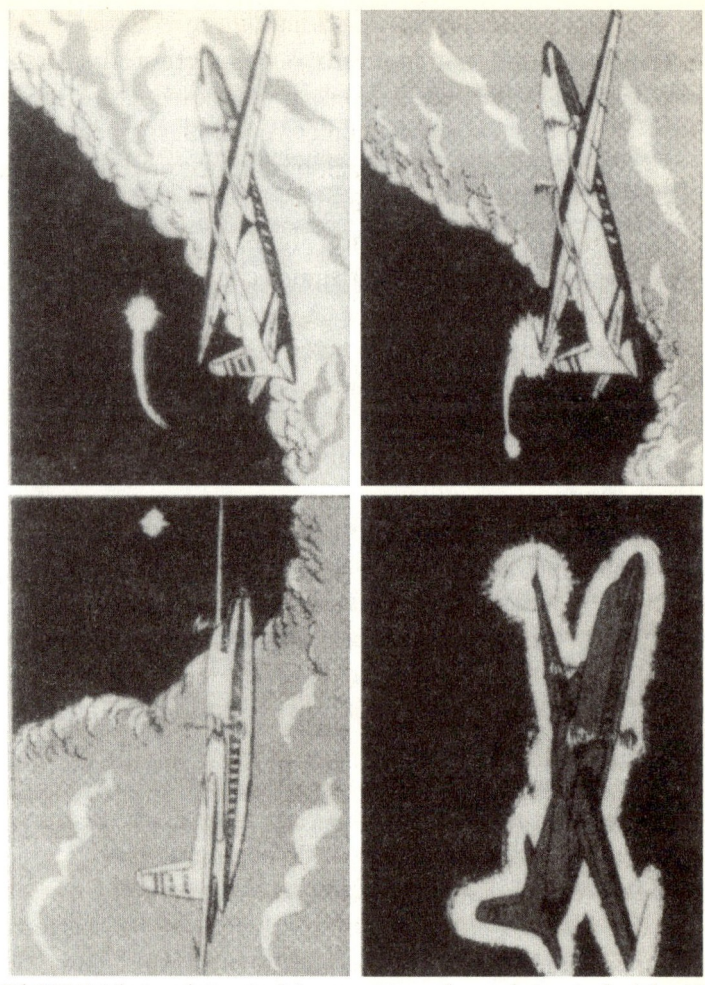

El OVNI (*abajo, a la izquierda*), apareció por el costado izquierdo del avión del comandante Julián Rodríguez Bustamante. Y se precipitó, en rumbo de colisión, hacia el Fokker (*arriba, a la izquierda*). «Se situó tan cerca de nuestro plano izquierdo —explicó el piloto— que su luz verde inundó el interior del avión» (*abajo, a la derecha*). Tras escoltar al avión de pasajeros durante segundos, el OVNI se alejó en la misma dirección por donde había surgido (*arriba, a la derecha*).

—¿Podría calcular esa velocidad?

—No, aunque, por supuesto, muy superior a la del sonido.

—¿Observasteis algún detalle: Ventanillas, etcétera?

—Nada. Sólo luz. La situación tampoco era como para andar con sutilezas. Yo iba pendiente del avión.

—¿No se produjo alteración alguna?

—Ni la más mínima. Aterrizamos con toda normalidad, y eso fue todo.

—¿Hubo alguna comunicación con Control Canarias?

—Sí, les notificamos lo que teníamos a la vista, pero no supieron darnos razón.

—¿Hay que excluir la posibilidad de que se tratase de otro avión?

—Totalmente. Ya te digo que no existe en el mundo aparato alguno que pueda desarrollar semejante aceleración y frenar en seco a escasos metros de un Fokker. Además, aquello era una masa luminosa. No tenía forma de avión.

—¿Qué pasó al tomar tierra?

—Entre el pasaje volaba también el equipo de fútbol de Las Palmas y, lógicamente, los periodistas se enteraron. Y salió publicado en la prensa. Yo supe, una vez en el aeropuerto, que el objeto había sido visto también desde tierra, por algunos de los empleados de la compañía Iberia.

—En resumen, ¿cuánto tiempo os dio «escolta»?

—Se acercó a nosotros a unas 40 millas del aeropuerto y lo tuvimos junto al plano izquierdo entre dos y tres minutos. Si tenemos en cuenta que aquel Fokker llevaba una velocidad aproximada de unos 240 nudos,[1] el OVNI pudo seguirnos entre 10 y 12 millas, más o menos.[2]

1. Unos 480 kilómetros por hora.
2. Una milla náutica (NM): 1.852 metros.

«La luz del objeto nos "comió" materialmente la de la cabina», manifestaron los pilotos del Fokker.

—¿Tú creías en los OVNIS?

—No. Yo siempre había sido, y creo que todavía soy, bastante escéptico. Pero aquello...

Al llegar al aeropuerto, Julián Rodríguez Bustamante dio parte oficial de lo que había ocurrido a 9.000 pies.[1] Aquéllos, por supuesto, eran otros tiempos, y el Ministerio del Aire —a través de la Jefatura del Aeropuerto— prohibió a los pilotos cualquier tipo de manifestación o declaración pública. Y, como tantos otros casos, pasó a engrosar el ya voluminoso y confidencial archivo OVNI de las Fuerzas Aéreas. Esa misma noche tomaron tierra en Las Palmas y Tenerife otros dos aviones de la compañía Iberia. Dos DC-9 que volaban desde Sevilla y que ratificaron la presencia en la

1. Unos 3.000 metros.

oscuridad de la noche de una inmensa y potentísima luz verde. Justamente, entre las islas de Tenerife y Gran Canaria. Pues bien, uno de los pilotos era mi buen amigo Rafael Gárate, que años más tarde tendría también otro «encuentro» con un OVNI, tal y como ya he relatado en páginas anteriores. Aquella noche, el comandante Gárate encontró a su colega Rodríguez Bustamante totalmente demudado. No era para menos. «Le pregunté si había visto también aquella enorme luz verde —me relató Rafa Gárate—, y Julián me contó cuanto le había ocurrido. Tanto el DC-9 que volaba hacia Tenerife como yo —prosiguió Gárate— lo vimos perfectamente. Cuando estábamos a unas 80 millas de las islas, la noche se "volvió" verde. Comentamos el hecho entre los dos aviones: "¿Has visto eso?" "¡Sí!" —me respondió el "Tenerife", que marchaba por delante—. Pensamos en algún barco que había lanzado una bengala. Pero no podía ser. ¡Era demasiada bengala! Ya te digo que se iluminó la noche entera. Nosotros no vimos ningún objeto. Sólo aquella especie de "explosión" y la intensa luminosidad verde que lo llenó todo. Después, al llegar a tierra, nos enteramos de lo que le había pasado a Bustamante.» Todo esto, como digo, ha sido mantenido hasta ahora por los militares en el más riguroso secreto.

Viaje real a China:
un OVNI ante 30 periodistas

Donde, lógicamente, no hubo forma de guardar secreto alguno fue en el vuelo del «Sorolla», un DC-8 de la compañía Aviaco, que hacía aquella noche del 15 de junio de 1978 el trayecto Teherán-Pekín.

Porque, ¿qué clase de secreto puede observarse cuando los testigos del avistamiento de un OVNI son treinta periodistas? Éste fue el caso del avión que precedía al de Sus Majestades los reyes de España, en el histórico viaje de don Juan Carlos y doña Sofía a la República Popular China.

Un viaje en el que estuve a punto de participar pero que —por razones de trabajo en mi periódico— tuvo que ser suspendido.

Recuerdo que a mi regreso de «Montaña Roja» encontré la noticia sobre mi mesa, en la redacción:

«Casi una treintena de periodistas —rezaba el teletipo— hemos sido testigos de excepción de un OVNI de gran luminosidad, que "ha salido al paso" del avión "Sorolla", cuando volábamos sobre territorio chino.»

La coincidencia en la fecha me dejó perplejo.

Mientras los pasajeros del vuelo especial a Pekín veían aquel OVNI en la noche del 15 al 16 de junio, a mí me ocurría otro tanto —aunque en circunstancias muy diferentes— en la misma jornada del 16 de junio de 1978, en el cráter del volcán lanzaroteño.

Fue precisamente al reflexionar sobre esta noticia cuando empecé a comprender por qué «todo» me salió al revés cuando —una y otra vez— intenté unirme al grupo de periodistas que marchaban a China, con los reyes.

Al final, como digo, tuve que desistir. Había demasiados problemas en el periódico, y la larga duración del periplo por China complicaba aún más la situación. Sin embargo, curiosamente, pocas horas después que la comitiva real iniciara el vuelo hacia Oriente, yo recibía la llamada del comandante Rafael Gárate y llegaba a lo alto de la caldera de «Montaña Roja».

Sí, aquello era muy extraño.

Mientras se «cerraban todas las puertas» para el viaje a China, «se abrían otras» —¡y de qué forma!— para mi estancia en el volcán. Era muy extraño.

Como he repetido ya infinidad de veces, no creo en la casualidad. Otra cosa es la «causalidad».

A su regreso, los colegas me ampliaron la insólita noticia, con todo lujo de detalles.

Uno de los testimonios fundamentales fue el del comandante del DC-8, Juan Pérez Marín, por entonces director de operaciones de la citada compañía Aviaco.

He aquí nuestra conversación:

—Tengo que adelantarle que siempre he sido un escéptico en estos asuntos...

—Me parece muy bien, comandante. Si todo el mundo creyera en los OVNIS, estas investigaciones no tendrían sentido, ¿no le parece?

—Quiero decirle que siempre he pensado que lo que la gente dice que ve podrían ser efectos ópticos, etcétera.

—Y ahora, ¿qué piensa?

El comandante se echó a reír.

—Desde luego, lo que vimos aquella noche no se trataba de un efecto óptico. De eso estoy seguro. Pero, mire, el problema es tan importante, que prefiero ir despacio. Palpando. Como santo Tomás, ¿comprende?

—A las mil maravillas. Pero, cuénteme. ¿Qué fue lo que vieron aquella madrugada?

—Llevábamos dos horas y 55 minutos de vuelo. «Sorolla» —el primer avión español que entraba en China— había salido de Teherán y nos dirigíamos por un «pasillo» militar hacia Pekín. Era, como usted sabe, un vuelo especial, con 130 pasajeros. La mayoría, periodistas. Habíamos dejado atrás Afganistán y Pakistán. Y en ese momento —las 2.30 de la madrugada (hora solar del lugar)—, apenas hacía diez minutos que volábamos sobre territorio chino. Creo recordar que estábamos en la vertical de Yar Kand en Cachemira. El avión volaba con todas las luces apagadas. Era muy tarde y, lógicamente, casi todos dormían. De repente, a nuestra izquierda, entre las «11» y las «10.30» de nuestra posición,[1] apareció un punto focal intensísimo, con una especie de haz luminoso blanco, muy blanco. Todos en cabina lo vimos: Luis Pertinat, que iba de segundo comandante, y Vicente Roig, como tercero. Después, al anunciarlo yo por el altavoz, lo vio parte del pasaje, incluido el presidente de Aviaco, Manolo Ortiz, que entró rápidamente en la cabina. El caso es que «aquello» dirigió y lanzó su haz de luz hacia nuestro avión. Hubo momentos en los que pensamos que se acercaba.

—Entremos en detalles.

1. En el argot aeronáutico, las posiciones de los Tráficos se concretan utilizando como referencia las diferentes horas. Así, las «12» corresponde al «morro» del avión; las «9», al plano izquierdo; las «3», al derecho, y así sucesivamente.

—Era de un tamaño aparente algo más reducido que el disco lunar. Claro que no podía tratarse de la Luna, puesto que aquella noche no había. El cielo estaba muy negro y estrellado. Puse el radar, pero no pudimos captarlo.

—¿A qué distancia estaría?

—Ni idea. Nuestro radar alcanza unas 10 o 12 millas, pero, como le digo, no lo recibimos. Quizá se encontraba más allá. A los pocos segundos se alejó a una enorme velocidad. Y desapareció en nuestra misma dirección, rumbo 042 (NE). En el espacio quedó aquel haz de luz blanca.

—¿Una estela?

—No, no parecía la clásica estela de condensación. Quizá le parezca una tontería, pero a mí me dio la sensación de que era una luz «material», «sólida».

—No me parece ninguna tontería, sobre todo si tenemos en cuenta que en Ufología hay ya numerosos precedentes de la llamada «luz sólida».

—No lo sabía —respondió el comandante con sorpresa.

—¿Y después?

—Desapareció. En 12 o 14 segundos, el haz de luz «sólida» se esfumó.

—¿Notó algún tipo de alteración en los instrumentos del DC-8?

—Nada de nada.

—Bien, ¿y qué piensa usted que pudo ser aquello?

—No lo sé.

—¿Un avión, quizá?

—Lo dudo. La velocidad era incalculable. Sinceramente, «aquello» sólo podía ser un OVNI. Es decir: un «objeto volante no identificado».

—Pero, ¿podía estar tripulado?

—Indudablemente. Al menos, ése fue su comportamiento.

Como decía el comandante, al anunciar al pasaje la presencia de aquella enigmática luz, algunos de los periodistas y el entonces presidente de la compañía Aviaco, Manolo Ortiz, se pusieron en pie, entrando, incluso, en la cabina del reactor. El OVNI fue visto por un total de veinte a treinta representantes de los medios informativos, así como por el personal auxiliar de vuelo, azafatas, los tres comandantes y el referido presidente de la compañía propietaria del «Sorolla».

Entre estos destacados periodistas se encontraban —por citar algunos nombres— Ignacio Gabilondo, de la Cadena SER, Pilar Cernuda, de COLPISA, Jaime Peñafiel, de la revista *Hola*, y Herreros, de la agencia Europa Press.

Algunos días después del retorno de la expedición pude cambiar impresiones con Manuel Ortiz, entonces, como digo, presidente de Aviaco y hoy embajador de España en Cuba.

Ésta fue su no menos importante declaración:

—Al principio, cuando lo anunció el comandante, creí que se trataba de alguna aurora boreal. Me asomé de inmediato a la cabina y comprobé que no, que «aquello» era otra «cosa». Teníamos delante, un poco a la izquierda y a nuestra misma altura, una especie de esfera muy luminosa. Estaba inmóvil. Nos llamó la atención a todos. Y muy especialmente su luz. ¡Jamás había visto una cosa igual! La contemplamos algo más de un minuto. Y es curioso. Cuando uno de los comandantes —Pertinat— fue a tomar su cámara fotográfica, la esfera se disparó en el cielo.

—¿Algo así como si los posibles tripulantes de aquel objeto hubieran «adivinado» el pensamiento del comandante?

—Algo así —contestó Ortiz, con tono de desconcierto—. Una vez desaparecida de la vista, quedó en el espacio un haz de luz, con los rayos divergentes. Al poco, desapareció. El hecho fue largamente comentado por todos. Algunos pensamos que aquel haz de luz podía ser una especie de gigantesco foco que partía de la esfera. Pero tampoco podemos asegurarlo. Lo que sí fue evidente es que el foco o haz de luz tenía kilómetros de longitud.

Doña Sofía: «Siempre me lo pierdo»

Buena parte de los periodistas no llegó a enterarse de lo que había sucedido cuando volaban a 1.000 kilómetros de la capital china. Casi todos dormían.

Muchos, al despertar y conocer el hecho, se sintieron frustrados.

Era una lástima, por ejemplo, que el director de mi periódico, Manuel González Barandiarán —que había desplegado un intenso celo a la hora de programar y realizar numerosas series de reportajes sobre casos OVNI— también permaneciera dormido.

Cuando el avión real tomó tierra en Pekín —pocas horas después del «Sorolla»—, la noticia de la aparición de un OVNI frente al DC-8 de la prensa llegó pronto a oídos de los reyes. Y tanto don Juan Carlos como la reina mostraron interés por conocer lo ocurrido.

En el primer contacto con los periodistas y con los miembros de la tripulación de Aviaco, en una recepción en la embajada española en Pekín, los monarcas —y muy especialmente doña Sofía— pudieron conversar con los testigos. La reina —mujer de vasta cultura y una mente no menos abierta— hizo toda clase de preguntas a los corresponsales, así como al propio comandante Pérez Marín, quien, efectivamente, ratificó ante Sus Majestades cuanto habían visto y vivido camino de China. Doña Sofía, medio en broma, medio en serio, comentó:

—Siempre me lo pierdo. Con las ganas que tengo de ver uno.

Fue precisamente en esta visita donde el rey manifestó al director de mi periódico su deseo y el de doña Sofía de que yo pudiera acompañarles en el viaje por tierras americanas, previsto para el mes de noviembre de ese mismo año.

A fuerza de recorrer Sudamérica —siempre tras la noticia de la aparición de los OVNIS o investigando los apasionantes temas de las líneas y dibujos de la pampa de Nazca, en Perú; las tribus desaparecidas en el Amazonas o las ciudades míticas y sagradas de Machu Picchu, Tiahuanaco, etc.— había ido acumulando un importante bagaje de datos, entrevistas y documentos. Y me sentí muy honrado y feliz de poder ofrecer esos conocimientos a los reyes de mi país. Y mi cariño por don Juan Carlos y doña Sofía creció aún más.

Yo había tenido ya el gran honor de conversar con ellos cuando todavía eran príncipes. Primero en 1974, y pocos meses después, en 1975.

En una y otra ocasiones acudí hasta la residencia de don Juan Carlos y doña Sofía, en el palacio de la Zarzuela. En la primera e inolvidable conversación con los reyes —que se prolongó por espacio de casi cuatro horas—, tanto el director de mi periódico como yo mismo les expusimos las más destacadas investigaciones OVNI llevadas a cabo hasta entonces.

Don Juan Carlos —que marcha siempre por delante de los acontecimientos— supo de mis reportajes por tierras peruanas mucho antes, incluso, de que la serie llegara a publicarse. Y quiso conocer más detalles sobre aquellos supuestos contactos con OVNIS.

La información del soberano sobre este tema —y desde hacía ya años— era muy completa.

Doña Sofía fue quien formuló un mayor número de preguntas. Su espíritu científico parecía rebelarse contra determinados planteamientos. Y era lógico que así fuera.

Ahora, seis años después, la reina ha ido estimando y valorando las numerosas pruebas y testimonios que existen al respecto. Y sabe que el fenómeno OVNI es tan importante como pueda serlo cualquier otro acontecimiento que conduzca al deshielo de la mente.

En aquella entrevista —y cuando ya nos despedíamos—, doña Sofía me observó con sus hermosos ojos celestes y comentó:

—Sólo si abrimos nuestra mente podremos comprendernos y comprender la maravilla del Universo.

Meses más tarde —a mi regreso de un nuevo viaje por Perú—, acudí por segunda vez hasta el palacio de la Zarzuela, en Madrid.

La curiosidad y creciente interés de los príncipes por estos temas se había propagado hasta sus ayudantes. Y en aquella nueva conversación —esta vez con doña Sofía, puesto que otras obligaciones impidieron la presencia de don Juan Carlos— tomaron parte hombres como el marqués de Mondéjar, José Joaquín Puig de la Bella Casa, Armada y otros.

Durante varias horas, en un clima cordial y sincero, hablamos de la recién descubierta «biblioteca» de piedras grabadas de Ica, de los misterios del Cosmos y de las posibilidades de vida en otros mundos, así como de la polémica cuestión de los «objetos volantes no identificados».

Estoy seguro de que aquel manifiesto deseo de los reyes de profundizar y conocer el enigma OVNI me dio nuevas fuerzas para proseguir en mis investigaciones.

Y mi soledad se hizo menos amarga.

Un OVNI «escoltó» al Fokker
del comandante Ciudad

En realidad, la idea de reunir un máximo de información y de casos de pilotos hispanos que hubieran tenido algún tipo de encuentros con OVNIS surgió allá por los años 1975-1976.

Todo empezó con una entrevista en la ciudad de Palma de Mallorca.

A lo largo de 1975 —y mientras trabajaba en otra serie de investigaciones en el archipiélago canario— tuve conocimiento de un importante suceso, registrado pocos años antes y que había sido protagonizado por el comandante Andrés Ciudad Aldehuela y el segundo piloto, Paco Andreu.

El 11 de diciembre de 1976 pude, al fin, entrevistarme con el comandante Ciudad, en su residencia de Palma. Éste fue el relato que quedó grabado en mi magnetófono:

—Yo volaba por aquella época en el Fokker 27. Hacíamos la línea regular Las Palmas-Villa Cisneros y viceversa. A eso de las nueve de la noche (ya oscurecido) iniciamos la aproximación al aeropuerto de Villa Cisneros. Creo recordar que nos encontrábamos a unos 2.000 pies de altura cuando el segundo piloto, Francisco Andreu, vio aquella luz, a nuestra izquierda y volando en paralelo con nuestro avión.

»Era como un gran disco luminoso. Blanco y con una luz muy fuerte.

—¿Se perfilaba el contorno con nitidez?

—Sí. Ya le digo que era circular.

—Disculpe que insista en este punto. Es importante.

—Sí, lo recuerdo muy bien. Era como un disco.

—¿A qué distancia podría estar?

—Cerca. Tanto Andreu como yo, estimamos que no se encontraba muy lejos. Total, que aquel disco nos acompañó durante unos 40 o 50 segundos. Al iniciar las operaciones de toma de tierra lo dejamos de ver.

—¿Qué impresión le causó?

—Como algo extraño y desconocido. Nunca había visto una cosa igual.

Algún tiempo después de esta entrevista con Ciudad sostuve también una larga charla con el entonces segundo piloto del Fokker 27, Paco Andreu, en la actualidad comandante de la compañía Spantax.

Andreu ratificó y amplió cuanto dijo Andrés Ciudad:

—En aquella ocasión yo era encargado de las comunicaciones. Al ver la luz, pregunté a la torre de control de Villa Cisneros si había algún tráfico en aquella posición. La respuesta de la torre fue ésta: «Para su información, no tenemos ningún tráfico instrumental reportado.» A los pocos segundos —prosiguió Andreu—, cuando el comandante iniciaba el giro para la toma de tierra, aquel disco desapareció de nuestra vista, elevándose a gran velocidad...

—¿Qué entiende por «gran velocidad»?

—Está claro. Cualquiera que supere, y con mucho, la de nuestra navegación aérea.

—¿Elimina, entonces, la posibilidad de que fuera un avión?

—Totalmente. Ni la forma, ni la luz, ni la velocidad ascensional eran las de un avión.

Pero volvamos a la entrevista con el comandante Ciudad.

—El caso es que aterrizamos con toda normalidad. Yo no quise hacer entonces demasiados comentarios sobre el hecho, puesto que no estaba seguro de nada. Paco Andreu conocía al oficial de tráfico y le habló de aquel extraño disco. Al cabo de una hora, más o menos, iniciamos el vuelo de regreso a Las Palmas. Ni que decir tiene que tanto el segundo como yo íbamos pendientes de la posible aparición del OVNI.

—¿Había luna?

—No, y el cielo estaba despejado. Y aquí empezó la segunda parte de esta historia. Despegamos con toda normalidad y nos fuimos al aire. Cuando apenas había transcurrido un minuto, nos llamó la torre de Villa Cisneros. Allí, junto al oficial de tráfico, estaba el jefe del aeropuerto, el médico, un oficial de la Legión y otras personas. Nos comunicaron «que la luz estaba ahora a nuestra derecha y que se acercaba al avión». En ese instante podíamos estar a poco más de 150 metros del suelo, en pleno despegue. Y el oficial de tráfico (Eusebio Moratilla) siguió informándonos: «Cuando rodaban ustedes desde el aparcamiento a la cabecera de pista, el objeto ha pasado sobre la torre de control y se ha detenido en la vertical del acuartelamiento de la Legión. Y allí parece haber esperado el despegue del Fokker. ¡Ahora se aproxima a ustedes por su derecha!» En efecto. Según Paco Andreu, el disco estaba ya nuevamente a nuestro costado derecho. Yo no pude verlo en aquellos primeros minutos, puesto que iba pendiente de los instrumentos. Una vez alcanzado el nivel de vuelo y con rumbo ya a Las Palmas, volví a verlo. Apagamos las luces del pasaje y la verdad es que «aquello» impresionaba. Y allí lo tuvimos hasta que llegamos a Las Palmas.

—¿Cuánto tiempo?

—El vuelo duraba aproximadamente una hora y vein-

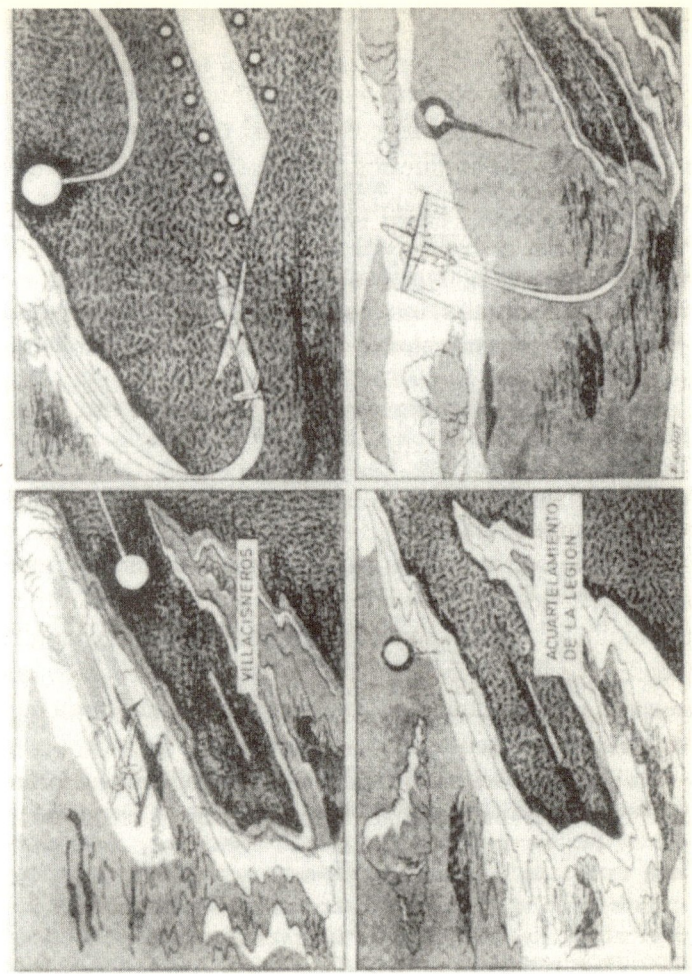

Cuando el comandante Ciudad se aproximaba a Villa Cisneros, un objeto muy brillante se presentó junto al avión (abajo, a la izquierda). «Era como un disco blanco —manifestó el comandante—. Al tomar tierra lo dejamos de ver.» Según testigos que se encontraban en tierra, el OVNI se colocó sobre la zona del acuartelamiento de la Legión (abajo, a la derecha). Al despegar, el disco se situó nuevamente junto al avión de pasajeros y lo acompañó hasta Las Palmas (arriba, a la derecha).

te minutos. El disco pudo acompañarnos algo más de una hora.

»Se mantenía a nuestra misma altura (entre los 14.000 y los 16.000 pies) y a idéntica velocidad: unos 210 nudos. Es decir, a unos 420 kilómetros por hora. A veces ascendía y bajaba de nivel, y cambiaba asimismo de color, pasando del blanco al naranja. Creo recordar que al iniciar el descenso hacia Las Palmas se perdió entre las nubes.

Mientras apuraba un reconfortante café, el comandante Ciudad —hombre parco en ademanes, pero de una gran hospitalidad— me habló también de los asombrosos movimientos y maniobras del OVNI. Tan pronto subía como bajaba, y siempre lo hacía a una velocidad desconcertante. En algunos momentos del vuelo llegó a aproximarse a unas cuatro o cinco millas.

Una vez en tierra, la tripulación del Fokker 27 apenas hizo comentario alguno sobre lo sucedido. Sin embargo, al día siguiente, Andrés Ciudad fue requerido por las autoridades aeronáuticas para que informara sobre el disco que les había «escoltado». Y la declaración fue mantenida bajo «secreto». Eran, repito, otros tiempos...

El tema OVNI era tratado con una reserva absoluta. Cada caso entraba automáticamente dentro de la clasificación de SECRETO.

Por supuesto, el «encuentro» de los pilotos Ciudad y Andreu con aquel disco reluciente no fue ignorado, ni mucho menos, por el general jefe del Sector Aéreo de Canarias. Y poco después de recoger el testimonio de ambos, el general envió a un juez informador hasta Villa Cisneros, a fin de completar el dossier. Un informe, otro más, que, como digo, se ha mantenido hasta ahora bajo el sello de «confidencial».

Antes de despedirme del comandante Ciudad le pregunté si se habían sentido observados por aquel OVNI.

—La palabra exacta —respondió— sería quizá «inquietos». La presencia de aquel disco nos inquietó.

Y concluí la entrevista con otro punto no menos importante, al menos para mí:

—Sinceramente, ¿considera usted que aquel disco iba tripulado?

—Sí.

—¿Qué opina de las astronaves extraterrestres? ¿Pueden existir?

Ciudad no dudó en su respuesta:

—Pienso que sí..., ¿por qué no?

Algunos años más tarde, casi a punto de dar por concluido este trabajo, celebré una no menos cordial entrevista con Eusebio Moratilla, en la actualidad oficial de tráfico en el aeropuerto internacional de Madrid-Barajas.

Moratilla, tal y como me habían referido los comandantes Ciudad y Andreu, se hallaba aquella noche en la torre de Villa Cisneros...

—Junto a mí, lo recuerdo muy bien, estaba el capitán-cirujano Hontanilla. Creo que ahora reside en Las Palmas.

—¿Vio usted el OVNI?

—Como todos. Aquella noche llegó a la torre Paco Andreu. Tenía que hacer el plan de vuelo. Después nos fuimos a tomar un café. Cuando el avión empezó a rodar nuevamente por la pista, el médico entró en la sala como un ciclón. Y me señaló la esfera. Estaba sobre una zona del aeropuerto. Yo me hice con unos prismáticos de 7 × 50 y lo estuve contemplando. En esos instantes, el Fokker de Ciudad acababa de despegar. El OVNI se dirigía de Sur a Norte; es decir, en el mismo sentido del avión. Le dejé los prismáticos al oficial de servicio del aeródromo y me dirigí al micro de la torre.

Pregunté a los pilotos si veían lo mismo que yo y me respondieron afirmativamente. Era como una esfera, de un color amarillo-anaranjado. Cuando salí de mi asombro —prosiguió Eusebio—, hablé de nuevo con Andreu y Ciudad y les pregunté si lo consideraban peligroso. Los pilotos respondieron que no.

—Le haré una última pregunta. ¿Considera que aquella «esfera» podía estar tripulada?

—No tengo la menor duda.

Como un gigantesco «tubo de neón»

El caso del comandante Ciudad me impresionó vivamente. Y decidí abrir una amplia investigación entre los pilotos de las diferentes compañías españolas.

Era obvio que estos profesionales del aire tenían que haber visto OVNIS en sus múltiples singladuras por los cielos.

Y no me equivoqué.

Durante meses husmeé en las sedes de todas las compañías y en buena parte de los aeropuertos hispanos. El resultado fue excelente. En total, mis archivos se vieron incrementados con casi cuarenta casos de «encuentros» —más o menos próximos— con «objetos volantes no identificados».

Al contrario de lo que imaginé al iniciar el trabajo, fueron totales las facilidades por parte de los altos directivos de las compañías, así como de los propios pilotos.

Uno de estos «encuentros» me llamó de inmediato la atención por su semejanza con los casos de Rafa Gárate y de Andrés Ciudad.

Para colmo de satisfacciones, los dos protagonistas de este nuevo caso OVNI eran pilotos de una dilatada veteranía y de una reconocida seriedad y honradez.

El comandante Vicente Roa y el entonces segundo piloto, Alfonso González Romero, se dirigían aquella noche de diciembre de 1965 de Madrid a Sevilla y Málaga. Era un vuelo de Aviaco.

Un formidable objeto luminoso, con forma de «tubo de neón», apareció por el costado derecho del avión del comandante Alfonso González Romero cuando volaba hacia Sevilla. (Abajo, a la izquierda.) Una vez en el aeropuerto de San Pablo, el OVNI cambió de forma y permaneció inmóvil sobre la cabecera de pista. (Arriba, a la izquierda.) Al despegar hacia Málaga, el comandante se dirigió hacia el OVNI, pero éste se alejó en dirección NO.

Hoy, ambos pilotos son comandantes de Iberia.

Una apacible tarde, Alfonso González Romero —hoy, profesor también de la Escuela de Pilotos— me recibió amablemente en su domicilio, en Madrid.

Éste, en síntesis, fue nuestro diálogo:

—Hacíamos un vuelo nocturno —un «correo»— entre Madrid, Sevilla y Málaga. Llevábamos un avión Convair 440. Hacia las dos y media de la madrugada, aproximadamente, al llegar a la altura del río Guadalquivir, el radar situado en Constantina —muy cerca ya del aeropuerto sevillano— nos comunicó que teníamos un objeto no identificado a nuestra derecha. Nosotros habíamos iniciado el descenso y podíamos estar ya a unos 8.000 pies. Según el radar, el OVNI volaba en paralelo con el avión. Y, en efecto, miré y vi a mi derecha un objeto que no supe identificar. Era como un tubo de neón.

—¿Como un fluorescente?

—Sí, y rodeado de un halo de luz. Los contornos se presentaban un tanto difusos. No se movía muy lejos. Quizá a dos o tres kilómetros de nosotros y un poco más bajo.

—¿Lo captó el radar del avión?

—No lo llevábamos conectado. La noche era muy clara. En fin, que estuvimos viéndolo un rato, y al aterrizar en Sevilla, acudimos a la torre de control. ¡Y allí seguía! Se había inmovilizado a unos diez o doce metros sobre la cabecera de la pista.

—¿Cuántas personas había en la torre?

—Entre quince y veinte. Y todos, claro, salimos a verlo. Al cabo de un rato se desplazó hacia la derecha y se elevó, alcanzando de nuevo otros 8.000 o 9.000 pies. Y se situó por detrás de la torre. Nosotros despegamos e hicimos un viraje hacia el objeto. Pero éste se alejó con rumbo

300 o 330 grados. Es decir, hacia el Noroeste. Preguntamos de nuevo al radar de Constantina y nos confirmó que el objeto se había alejado, desapareciendo de la pantalla —que abarcaba 180 millas— en el espacio de dos o tres segundos. Al alejarse cambió de color. Pasó del blanco a un azulado.

—Por lo que usted me dice, deduzco que el objeto permaneció bastante tiempo sobre la cabecera de la pista y, por tanto, a corta distancia de la torre.

—En línea recta puede haber unos cinco kilómetros y, en efecto, allí estuvo unos 30 minutos.

—Eso quiere decir que la observación fue bastante completa. ¿Qué dimensiones podía tener «aquello»?

—Como dos veces nuestro avión.

—¿Cree que podía tratarse de un avión?

—No, no era un avión. Al menos, como nosotros lo concebimos. Mire usted, en aquella época yo llevaba unas 13.000 o 14.000 horas de vuelo. Hoy he pasado ya de las 20.000 y puedo asegurarle, sin temor a equivocarme, que aquel objeto no era un avión.

—Es evidente que si fue captado por el radar tenía que tratarse de un cuerpo metálico.

—Sí, porque el radar no capta otra cosa. A veces registra núcleos eléctricos o tormentosos, pero aquel «tubo de neón» no creo que tuviera nada que ver con una tormenta. Además, la noche estaba clara y despejada. Por otra parte, ¿qué tormenta se desplaza a semejante velocidad? Cuando lo tuvimos un poco más cerca —en la cabecera de pista—, el aspecto sí era el del clásico «platillo volante».

A petición mía, el comandante hizo varios, dibujos. Primero, del «tubo de neón» que les acompañó durante diez minutos, hasta la toma de tierra en el aeropuerto de San Pablo. A continuación, del OVNI sobre la cabecera de la pista 27, donde pudo ser contemplado a placer otros treinta minutos.

Y, en efecto, a juzgar por el dibujo y la descripción de González Romero, aquel OVNI tenía la típica forma discoidal, con una especie de «cúpula» o parte superior más pronunciada.

—Como le decía, al cabo de ese tiempo fue elevándose en vertical, girando después hacia la zona de la torre.

El comandante González Romero goza de fama de hombre tranquilo, apacible y poco impresionable. Sin embargo, según sus propias palabras, «el encuentro con aquel objeto le causó una honda huella».

—¿Qué piensa hoy, después de tantos años?

—No sé... Desde luego, le confieso que me causa una cierta inquietud. Me gustaría conocer mucho más al respecto. Pero también reconozco que son cosas que están fuera de nuestro alcance.

—Si yo le dijera —como opinión personal— que esos objetos son naves procedentes de otros mundos, ¿qué pensaría usted?

El comandante me observó con curiosidad. Y respondió:

—Ni me lo creo, ni tampoco digo que no. Si nosotros hemos alcanzado la Luna, ¿por qué no puede haber otros planetas mucho más adelantados? Si alguien le hubiera dicho a Colón que llegaría el día en que unas máquinas podrían cruzar el océano Atlántico en tres horas, seguro que habría terminado en la hoguera. El hecho, en fin, de que para nosotros sea incomprensible el viaje desde las estrellas, no significa que sea irrealizable. ¿Qué sabemos nosotros del factor tiempo, por ejemplo? ¿Qué sabemos del «tiempo» de esos seres, suponiendo que existan? No tiene por qué ser similar al nuestro...

Las palabras del comandante me parecieron tan sensatas como valientes. Pero aquél no iba a ser el último encuentro de Alfonso González con lo desconocido.

Algo mucho más espectacular y misterioso, si cabe, le aguardaba todavía.

Un cono de luz sobre la costa mediterránea

La perplejidad del comandante Alfonso González Romero estaba más que justificada.

No todos los días —o mejor dicho, no todas las noches— se encuentra uno con un «espectáculo» como aquél.

En septiembre de 1976 —unos once años después del «encuentro» con el OVNI en las proximidades del aeropuerto de Sevilla—, este mismo comandante de Iberia regresaba desde Francfort a Madrid, vía Barcelona, al mando de un avión DC-9 de carga.

Iba con él, como segundo piloto, uno de los alumnos de la Escuela de Barajas.

—Hacia las cuatro o cuatro y media de la madrugada —prosiguió Alfonso mientras llenaba de nuevo mi taza de café— sobrevolaba Cataluña. Y establecí contacto con control Barcelona. En eso, un compañero mío, el comandante Carlos Gómez González, que cruzaba los Pirineos rumbo a París, me llamó y me preguntó si veía una luz fortísima detrás de mi aparato. Le dije que no. Pero Carlos Gómez, que es comandante inspector y que volaba también en un aparato de la Escuela de Pilotos, volvió a avisarme y me sugirió que diera un viraje, a ver si la veía. Y así lo hice. Giré 180 grados y me encontré con lo más extraño que haya visto en mi vida.

El comandante me tenía en ascuas.

—Allí, frente a mi avión, había un rayo de luz blanca,

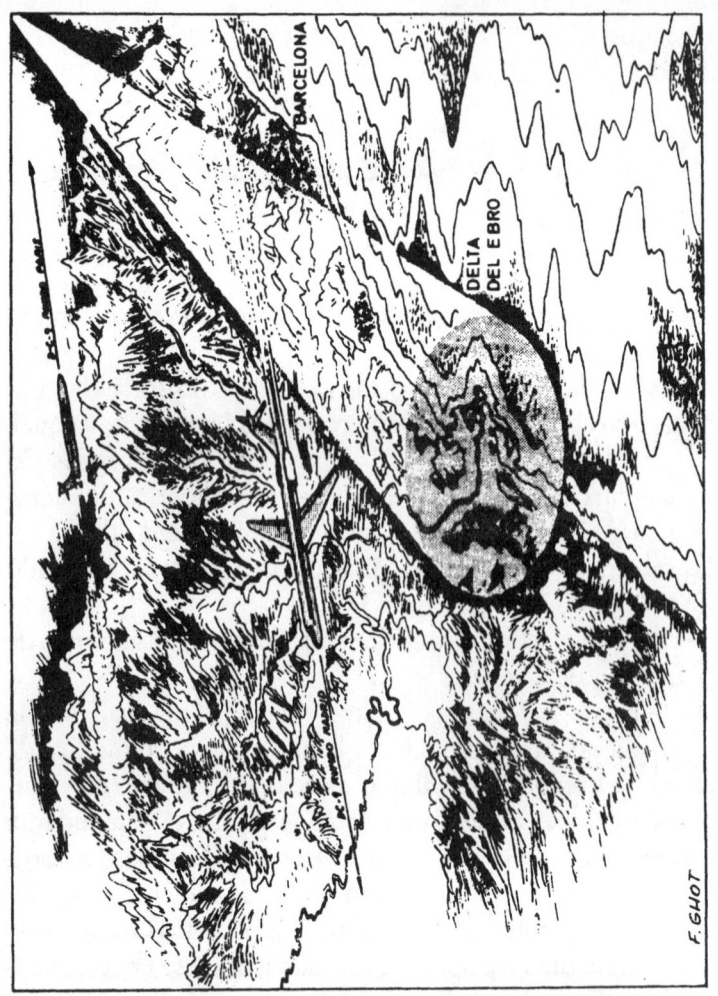

Un gigantesco cono de luz iluminaba parte de la costa mediterránea. Los pilotos no pudieron descubrir el origen o la fuente del mismo. Sencillamente, se perdía en el firmamento.

muy fuerte, que parecía proceder de lo más alto del firmamento. ¡Y aquel cono de luz llegaba hasta la tierra!

—Disculpe —interrumpí al comandante—, ¿un rayo de luz que partía de dónde?

—No lo sé. No pudimos ver el origen. Era como si un gigantesco foco estuviera iluminando parte del suelo. Pero estaba tan alto, que resultaba imposible detectarlo.

Cuando insistí en el dato de la altura, Alfonso González Romero se negó a dar una cifra:

—Sería del todo imposible. Lo único que puedo confirmarle es que estaba a una altura tremenda. ¡Tremenda!

—¿Y qué zona del suelo era la que enfocaba?

—Iluminaba un amplio círculo, algo al norte de Reus. Yo marchaba en aquel momento sobre Maella; es decir, a mitad de camino, y podía verlo perfectamente.

—¿A qué altura volaba usted?

—A unos 30.000 pies. Y el haz de luz nacía mucho más arriba. Lo impresionante es que mi compañero, el comandante Gómez González, lo estaba viendo desde el Pirineo, a unas 200 millas de distancia. ¿Imagina usted la altura y el brillo de aquel rayo?

La verdad es que estas cosas, de no verlas, son muy difíciles de imaginar. Así se lo expuse a mi interlocutor. Pero le rogué que prosiguiera.

—Me aproximé y le di dos vueltas y comprobé que el cono de luz, efectivamente, se ensanchaba conforme descendía. Una vez en tierra, aquel círculo blanco podía sumar otras 30 o 40 millas de diámetro. ¡Era muy grande!

—¿Le llamó la atención el color de la luz?

—Me llamó la atención todo: la luz, que era de un blanco intensísimo; la propia altura del haz; el no ver el origen..., ¡todo!

—¿Recuerda usted si la iluminación alcanzaba algún pueblo o ciudad?

—Pues no; no lo recuerdo. Lo que estaba claro es que el gran foco iluminaba parte de la costa y del Mediterráneo.

—¿Descendía de forma vertical?

—No. Aprecié una inclinación de unos 45 grados. Lo que motivaba aquella luz estaba, sin duda, sobre el mar.

—¿Se movió en algún momento?

—No. Al menos, durante la casi media hora que estuve viéndolo.

—¿Media hora?

—Sí. Ése fue, aproximadamente, el tiempo que empleamos en llegar a Madrid y aterrizar en Barajas. Porque lo increíble fue que, cuando estábamos a punto de tomar tierra, aún seguíamos viendo el haz de luz por nuestra derecha.

Casi sin querer, y una vez finalizado el relato, el comandante y yo nos pusimos a examinar las posibles explicaciones lógicas y terrestres. Pero ninguna terminaba por convencernos.

Era plena madrugada, así que hubo que descartar cualquier tipo de reflexión solar.

La luz, además, formaba un cono perfecto, iluminando un círculo concretísimo de la costa mediterránea. Y el fenómeno, para colmo, fue observado durante media hora. Una observación en la que participaron dos aviones separados entre sí casi 400 kilómetros.

Aquella misma tarde tuve la fortuna de conectar telefónicamente con el comandante Carlos Gómez, primer testigo del misterioso rayo blanco, y que advirtió por radio al DC-9 que tripulaba Alfonso.

Cuando, desde el domicilio de este último, le interrogué sobre el particular, el comandante me informó de que, una vez localizado el extraño haz, se puso en comunicación con control París y éste le respondió que sí, que lo detectaba y que se trataba... de un cometa.

Aquella explicación —con todos mis respetos hacia los expertos del control París— era una solemne majadería.

Hasta el más lego en Astronomía sabe que un cometa no puede penetrar en la atmósfera terrestre. Y si lo hace, la parte de «cola» que «choca» contra las altas capas se desintegra, esparciéndose en miles de porciones.

¿Qué clase de cometa puede permanecer inmóvil durante media hora y lanzar un foco perfecto de luz sobre la costa de Reus?

Hubiera sido mucho mejor para control París que, si no sabía o no quería esclarecer el asunto, permaneciera en silencio o, sencillamente, hablase de algo desconocido.

Pero a veces suceden estas cosas. Y algunas autoridades aeronáuticas intentan ocultar la verdad, ofreciendo a profesionales y profanos la más absurda y ridícula de las explicaciones.

¿Cuál podía ser entonces la causa de aquel haz de luz?

A juzgar por las explicaciones de los testigos, el cono luminoso era de una formidable potencia. Y esa intensidad lumínica permanecía constante. No se registraron fluctuaciones ni cambios aparentes en el chorro de luz.

Este hecho, unido a la propia perfección del círculo que iluminaba el mar y parte de la costa española, me lleva a creer —casi por pura deducción lógica— que el haz tenía un origen o fuente claramente artificial y provocado.

Pero, ¿por quién y para qué?

En este caso, tan sólo se puede especular.

¿Por quién?

Quizá por un objeto o nave que se encontrase en esos momentos a una formidable altura y totalmente estática.

De lo contrario —y dado el considerable nivel a que debía estar situado—, la menor oscilación hubiera provocado quizá una evidente traslación del rayo luminoso, así como del gran círculo proyectado sobre el suelo.

Y nada de esto ocurrió, según el testimonio del comandante.

Es obvio que sólo una mente inteligente, y con un nivel tecnológico muy superior al nuestro, podría lanzar desde decenas o cientos de kilómetros de altura —¿quién sabe?— un «foco» como aquél y, sobre todo, «congelarlo» sin el menor movimiento durante, al menos, media hora.

Esta circunstancia elimina una posible explicación basada en un avión, helicóptero o satélite artificial. Tanto el primero como el último se desplazan constantemente.

En cuanto a la hipótesis de un helicóptero, no existe un solo modelo entre los actuales aparatos que pueda subir a niveles como los sugeridos por el piloto del DC-9. A este hecho —definitivo ya por sí mismo— debemos agregar un factor igualmente esclarecedor:

¿Qué dimensiones y potencia debería reunir un foco para —desde una altura de cientos de kilómetros— iluminar un círculo de 30, 40 o 50 millas de diámetro?

Está claro que el reflector sería ya más grande que el propio helicóptero.

Llegados a este «punto muerto», creo que conviene recordar que en las investigaciones ufológicas sí se han observado fenómenos como el que nos ocupa. La mayor parte, eso sí, de dimensiones menos espectaculares.

Sin embargo, hay casos en los que los testigos afirman haber observado cómo del OVNI partía un potentísimo haz de luz, que permanecía fijo sobre el terreno, sobre una casa o sobre un automóvil, e incluso «barría» el suelo, alcanzando considerables distancias.

Es también muy frecuente escuchar cómo los OVNIS sobrevuelan cualquier localidad, océano o campo, iluminando el lugar por donde pasan con un cono de luz de extraordinaria intensidad.

Por tanto, resulta posible que la «fuente» de aquel gigantesco haz de luz que vieron los dos aviones españoles y hasta el propio control París procediera de lo que nosotros hoy, popularmente, identificamos con un OVNI.

«Me aproximé al formidable cono de luz —explicó el veterano piloto— y le di dos vueltas. En tierra, la luz podía iluminar un círculo de unas 30 o 40 millas de diámetro.»

Pero ¿para qué semejante iluminación sobre la costa hispana? El problema, aquí, se vuelve mucho más oscuro.

Aceptando la posibilidad de una nave tripulada inteligentemente, que fuera la responsable de dicho cono de luz, una de las escasas explicaciones que se me ocurre es la de la pura y simple investigación. Por alguna razón que ni siquiera podemos intuir, a esos seres les interesaba proyectar semejante haz sobre esa zona concreta del mundo.

¿O quizá obedecía a otras razones?

La cuestión es que este suceso ha permanecido inédito hasta ahora.

La falta total de explicación —por lo menos desde el prisma humano— hizo que los testigos, y con muy buen criterio, no dieran el caso a la publicidad.

Rumbo a México

A mi regreso a casa —después de esta nueva serie de investigaciones con pilotos— encontré una carta procedente de México.

Se trataba de mis buenos amigos Ariel Rosales y Fernando José Téllez, dos de los grandes especialistas americanos en Ufología.

Entre otros asuntos me informaban de un caso que —según sus propias palabras— «podía interesarme».

«Tres OVNIS —rezaba la comunicación— habían "maniatado" a una avioneta mexicana.»

No lo pensé demasiado.

A los pocos días puse rumbo al país de los aztecas.

Tenía noticias de los numerosos avistamientos de OVNIS que se presentaban casi a diario en el hermoso y legendario territorio mexicano.

En el fondo de mi corazón sabía ya que me aguardaban nuevas sorpresas. Y esto me hizo temblar de emoción.

No es frecuente que Raquel —mi querida compañera de ojos azules— me acompañe en el estudio y rastreo de nuevos casos OVNI.

Pero en esta ocasión fui yo quien se empeñó en que «olvidara» por unos días las duras obligaciones del hogar.

Sé por experiencia que la participación de uno en el trabajo del otro contribuye generalmente a una mejor cimentación del matrimonio y, sobre todo, permite hacer realidad algo tan difícil como «pensar en voz alta» —sin ningún tipo de reservas— ante la persona que se quiere.

Así que una calurosa madrugada de julio despegamos de Madrid-Barajas.

Como me sucede casi siempre —y mucho más cuando el viaje lleva el tinte de la precipitación— tuve que aprovechar las largas horas de vuelo sobre el Atlántico para matizar y concretar el programa de trabajo.

Al cerrar mi cuaderno de notas sabía que algunas de aquellas investigaciones previstas quizá no se llevaran a cabo. Y sabía también que, como contrapartida, me vería envuelto en otros acontecimientos y sucesos, tanto o más apasionantes. Así me ocurre siempre.

Y tras la escala de rigor en el amarillo y pulcro aeropuerto canadiense de Montreal, nuestro DC-9 enfiló la pista del aeropuerto internacional Benito Juárez, de Ciudad de México.

Justamente, el escenario desde el que se había seguido la dramática «aventura» del piloto mexicano Carlos Antonio de los Santos Montiel.

Tres OVNIS inmovilizan una avioneta

Carlos Antonio de los Santos es un piloto joven.

Cuando sufrió —porque éste es, en mi opinión, el término exacto— su «encuentro» con los tres OVNIS, contabilizaba en su «haber» dos años como profesional y algo menos de 400 horas de vuelo.

Había cursado estudios en varias escuelas de navegación aérea y dispone del título de piloto comercial y privado (licencia número 3.704) y un total de 85 horas en el «simulador».

Su familia —de reconocido prestigio y honradez— está íntimamente vinculada a la Aviación.

Su padre es jefe de mecánicos de la línea aérea Mexicana de Aviación, y un tío suyo es en la actualidad inspector aeronáutico.

De los Santos no fuma ni bebe. Y, según sus propias palabras, jamás había leído un solo libro de ciencia-ficción y OVNIS.

Pero vayamos al grano. ¿Qué fue lo que le ocurrió aquel 3 de mayo de 1975?

El viernes, 2 de mayo, Carlos Antonio —que entonces contaba veintitrés años— salió rumbo a Zihuatanejo, en el Estado de Guerrero.

Pilotaba una avioneta Piper Azteca (XB-XAU) monomotor de cuatro plazas.

El aparato era propiedad de la compañía Pelletier, S. A.,

dedicada al estudio y análisis de aguas, y en la que nuestro hombre trabajaba como piloto.

Después de aterrizar en el complejo Lázaro Cárdenas, en el Estado de Michoacán, donde dejó a dos ingenieros, De los Santos prosiguió vuelo, llegando a su destino al atardecer. Y puesto que la Piper no estaba acondicionada para vuelos nocturnos, decidió pernoctar en Zihuatanejo, regresando a la mañana siguiente a México, Distrito Federal.

Cenó a las ocho de la noche y se acostó.

Pero a la mañana siguiente el tiempo había cambiado. La nubosidad y bruma sobre Zihuatanejo eran abundantes, y esta circunstancia le obligó a prescindir del clásico sistema de orientación visual en el vuelo de retorno a México, D. F. Carlos tuvo que guiarse por los instrumentos, siendo necesario el «chequeo» al llegar a Tequesquitengo. Desde allí pondría rumbo a la capital federal.

A las diez y media de la mañana del citado 3 de mayo —sin haber podido desayunar—, Carlos Antonio de los Santos era autorizado a despegar.

Tomó la aerovía G-3 (Zihuatanejo-Tequesquitengo), bajo indicación del ADF (Automatic Directional Finder).

Al principio voló a 13.500 pies de altura. Pero el mal tiempo le obligó a ascender, situándose a unos 14.500 pies. De esta forma evitó la bruma.

Al llegar a Tequesquitengo, sus instrumentos marcaban una altitud de 15.000 pies.

E inició un suave descenso, a fin de visualizar la laguna allí existente.

Rectificó su rumbo hacia México D. F. (VOR Tequesquitengo 004 a VOR Mex. D. F. 184), al tiempo que se situaba a unos 14.000 pies.

Pero no terminaba de localizar la laguna y volvió la vista al frente.

Fue entonces cuando tuvo la sensación de que «algo» estaba junto a su avioneta.

—Me quedé petrificado —explicó el piloto—. Al mirar hacia mi derecha vi sobre el plano un objeto como jamás había visto en mi vida. Era como dos platos unidos por su parte cóncava. ¡Y estaba materialmente pegado al ala!

—¿A qué distancia?

—A unos 20 centímetros del plano y a poco más de metro y medio de mi cabina. El objeto —siguió describiendo De los Santos— tenía como una pequeña cúpula en la parte superior. Y en ella se apreciaba también una ventanilla. En lo más alto llevaba algo parecido a una antena. Cuando aún no me había repuesto del susto, por mi izquierda apareció otro objeto exactamente igual. Estaba en la misma posición —sobre el ala izquierda— y a idéntica distancia. Casi simultáneamente vi cómo un tercer disco se precipitaba hacia el morro del avión. Creí que se iba a estrellar contra el parabrisas, pero, en el último segundo, se deslizó hacia la panza de la Piper. Y supongo que se pegó al fuselaje, porque escuché un ruido como si algo me hubiera golpeado... Y me percaté de que la avioneta empezaba a ser elevada. Por más que manipulé los mandos, no tenía el control. ¡No sabía qué hacer! ¡Dios mío! ¡No le deseo esa situación ni a mi peor enemigo! Pensé en «banquear» el avión para golpear al objeto de mi izquierda, pero los controles tampoco respondieron. Intenté entonces sacar el tren de aterrizaje para hacer lo propio con el disco que se había situado bajo la Piper. Pero fue inútil. Tampoco salía. Y me quedé sin habla. ¡No sabía qué hacer! ¡Empecé a llorar!

Al fin, el piloto pudo reaccionar e intentó conectar por radio con el control de México.

He aquí el diálogo, grabado en cinta:

—¡Centro México del «Extra Bravo Extra Alfa Unión»! ¡Mayday, Mayday![1]

—Aquí Centro México. Adelante «Extra Alfa Unión». (En este punto, el piloto de la avioneta repite su llamada por dos veces consecutivas. Al parecer, Carlos Antonio de los Santos no recibía la respuesta del Centro de Control de México.)

—¡Adelante «Extra Alfa Unión»! ¡Aquí Centro México! ¡Sí, diga!

—«Extra Alfa Unión» a Centro México. ¡El avión va sin control! ¡No estoy controlando el avión! ¡Tengo tres objetos visuales no identificados volando alrededor de mí! ¡Tengo tres objetos visuales no identificados volando alrededor de mí! Uno se precipitó al avión y me pegó en la parte inferior del avión. Está trabado el tren de aterrizaje y, aparentemente, no sale. Mi posición: estoy establecido en el Radial 004 del VOR Tequesquitengo. ¡El avión va sin control! No lo estoy controlando. Centro México, ¿me escucha?

—Enterado, enterado, «Extra Alfa Unión». Deme su posición y la situación en que se encuentra. Vamos a localizar a las autoridades competentes...

(Se interrumpe la comunicación.)

—¡... el avión va sin control...!

Hasta aquí, los primeros y dramáticos minutos de la comunicación entre la Piper y el oficial de tráfico.

El reloj del Centro de Control de México señalaba las 12.15 horas.

Y se dio la alarma. El aeropuerto internacional Benito Juárez fue cerrado y así permaneció una hora.

¿Qué pasaba mientras tanto con Carlos Antonio de los Santos?

1. Esta expresión *(Mayday)* es una señal internacional de socorro.

—Los tres objetos, de un color gris «rata», seguían a mi lado. Su dominio sobre mi avioneta era total. Aunque yo soltara los mandos, la Piper seguía ascendiendo, hasta llegar a los 15.500 pies. En este nivel se mantuvo, reduciendo la velocidad de 140 millas náuticas por hora a 120. Cuando dejé atrás el monte Ajusco —poco más o menos a la altura del pueblo de Tlalpán—, el disco de la izquierda se elevó y cruzó sobre la cabina, alejándose hacia la derecha. Inmediatamente, el objeto de mi izquierda le siguió y ambos se perdieron en dirección a los volcanes de Popocatépel e Iztaccihuatl. Y así lo notifiqué de inmediato al Centro de Control de México.

—¿Y el tercer objeto?

—A ése no le vi alejarse. Pero imaginé que había desaparecido, porque al distanciarse los objetos recuperé instantáneamente el control del aparato.

Al verse «libre», el joven mexicano intentó soltar el tren de aterrizaje. Pero el mecanismo seguía bloqueado.

La Piper hizo un total de ocho pasadas sobre la torre de control del aeropuerto de Ciudad de México, a fin de que le informasen si se conseguía algún progreso.

Después de 40 angustiosos minutos, Carlos consiguió liberar el tren, valiéndose de un destornillador que actuó como palanca.

Y a las 13.34 horas lograba aterrizar, sano y salvo, en la franja de pasto existente entre las pistas «5 derecha» y «5 izquierda».

Allí, con el corazón en un puño, le esperaban bomberos, ambulancias y personal del aeropuerto, así como su tío, Ignacio Silva de la Mora, inspector aeronáutico, con quien el piloto había ido analizando por radio los posibles desperfectos y los pasos a seguir en el aterrizaje de emergencia.

Afortunadamente, la toma de tierra fue buena y los bomberos no se vieron forzados a intervenir.

Y el piloto descendió de la Piper por sus propios medios. En realidad, aquí iban a empezar las verdaderas dificultades para él.

Las autoridades aeronáuticas pensaron que Carlos Antonio de los Santos estaba ebrio o drogado y lo trasladaron a la clínica de Comunicaciones, sita en la misma zona del aeropuerto internacional, donde le sometieron a un completo examen médico.

Este «chequeo» le fue practicado por el doctor Ernesto Gámez Literas. Pero los resultados fueron enteramente satisfactorios. El joven piloto se encontraba en perfecto estado.

A este examen clínico siguió una extensa declaración oficial. En sus manifestaciones, Carlos Antonio añadió también que los tres objetos podían tener un diámetro de unos tres metros, por 1,20 de alto. No llevaban luz alguna de posición y tampoco observó toberas ni nada por el estilo.

Pocos días después —el 7 de mayo—, el capitán Ramírez Altamirano, jefe de la Inspección Aérea de la Dirección de Aeronáutica Civil, informó a la prensa de que el supuesto testigo de los tres OVNIS había sido sometido a una nueva serie de análisis médicos, psiquiátricos, neurológicos, etc., «para determinar si en verdad había visto aquellos OVNIS...».

Y éstas fueron sus conclusiones:
«El piloto había volado a más de 10.000 pies de altura y esto le había provocado una "hipoxia" o falta de oxígeno en la sangre. Conclusión: los tres OVNIS sólo habían sido producto de una alucinación.»

Pero la confusión de cuantos seguían el caso se vio incrementada con unas nuevas declaraciones. Esta vez, a car-

118

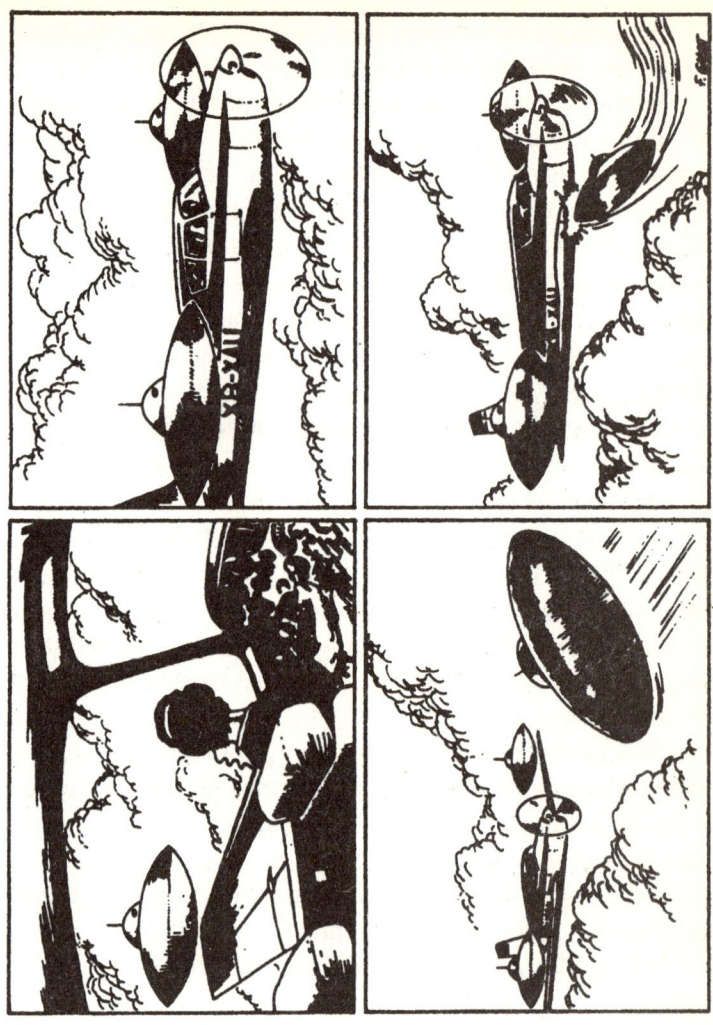

Tres OVNIS inmovilizaron la avioneta del joven mexicano Antonio de los Santos. Uno de ellos, incluso, llegó a golpear la panza de la Piper Azteca.

go del doctor Luis Amezcua González, jefe del Departamento de Medicina de Aviación del Aeropuerto.

«Debido a que el piloto Carlos Antonio de los Santos Montiel —afirmó el médico— no ingirió alimentos en un lapso de 18 horas (desde las 20.00 horas del 2 de mayo a las 14 horas, aproximadamente, del día siguiente), volando a más de 10.000 pies de altitud, su organismo sufrió una "hipoglicemia", o falta de azúcar en la sangre. Esto, combinado con la "hipoxia", le produjo espejismos.»

Las explicaciones oficiales no terminaban de convencerme.

Y al regresar a España llevé a cabo una exhaustiva investigación sobre la «hipoxia» e «hipoglicemia».

La privación de alimentos por un período de 16 a 20 horas —y mucho más tratándose de una persona joven y sana— no me pareció un motivo justificado como para llegar al extremo de ver espejismos.

Tampoco el hecho de volar a 15.000 pies sin equipo de oxígeno se me antojó una causa definitiva a la hora de tener alucinaciones.

Tal y como pude averiguar por el propio piloto, éste llevaba ya más de dos años volando a más de 10.000 pies de altura y jamás había sufrido espejismos o cualquier otro tipo de perturbación mental.

—De haber ocurrido así —comentó con una lógica aplastante—, seguramente me hubiera estrellado.

—Pero, ¿notaste algún síntoma anormal durante el vuelo?

—Ninguno. Sólo el susto.

Los argumentos oficiales iban a quedar definitivamente malparados cuando, el 8 de mayo, se filtró en el aeropuerto internacional una noticia que podía dilucidar el asunto:

«Los OVNIS habían sido detectados en el radar.»

El hecho se había registrado en el mismo instante en el que el piloto De los Santos comunicaba a Control México el alejamiento de los OVNIS. Curiosamente, el «eco» fue observado en la misma dirección que señaló el testigo...

En este sentido, las declaraciones hechas por el ingeniero Enrique Méndez, director general de Rainsa (Radio Aeronáutica Mexicana, S. A.) a mi buen amigo e investigador Fernando Téllez, fueron muy esclarecedoras:

«Además de lo que el piloto informó en el momento preciso en que dijo que los OVNIS se apartaban de él —comentó el ingeniero—, se detectó un "eco" en el radar, a 14 millas al sudeste del aeropuerto. Llevaba rumbo Este. Y dio un giro de 270 grados en un radio de cuatro millas náuticas, a una velocidad aproximada de 450 millas por hora. Después se alejó, efectivamente, hacia la zona de los volcanes, tal y como reportó el piloto Santos Montiel.»

Preguntado sobre la posibilidad de que el «eco» fuera otro avión, Enrique Méndez respondió:

—No pudo ser un avión. La Piper era el único tráfico en el área. Se notificó el hecho a un avión que venía de Acapulco, pero no llegó a alcanzar a la avioneta ni vio tampoco los tres objetos.

—¿El «eco» fue producido por algo sólido?

—Sí, así es.

Otro de los testigos del «eco» en la pantalla fue el controlador de radar terminal, Julio César Interián Díaz.

Éste fue su testimonio:

—De Tequesquitengo a México, D. F., hay 48 millas. La avioneta fue detectada a 43, al sur del aeropuerto y como un solo «eco». No se había establecido contacto radial. Era, en fin, la, única nave en aquella zona. A 20 millas al sudeste se encuentra la zona de los volcanes, y el Ajusco está ligeramente a la izquierda del vector de vuelo de la avioneta.

121

Era imposible saber si había más objetos allí, ya que estaban muy juntos. Debido a esa proximidad sólo era posible registrar un único «eco». A unas 15 millas del aeropuerto —es decir, en la zona del monte Ajusco— se nos perdió la avioneta, ya que esa parte es «ciega» para el radar. De nuevo en comunicación con De los Santos, nos informó al controlador de aproximación, señor Estañol López, y a mí, que los OVNIS lo habían subido hasta 15.800 pies. En total lo tuvieron bajo su dominio unos 10 o 15 minutos. Perdimos contacto vía radar, pero no radial, y en ese momento nos informó que había recuperado el control de la avioneta y que lo habían bajado sobre el Ajusco, a unos 15.400 pies. De los Santos comunicó entonces que los objetos se alejaban rumbo a los volcanes y que los estaba perdiendo de vista. En ese instante se detectó la avioneta a 12 millas al Sur. En el momento que nos decía «que los estaba perdiendo de vista», se vio otro «eco» a 10 millas de la Piper y a 14 al sudeste de nosotros. El «eco» efectuó entonces un giro a la izquierda de 270 grados, en un radio de tres a cuatro millas, a una velocidad de 450 a 500 millas náuticas por hora. ¡Fue algo increíble!

No le faltaba razón al controlador. Hoy, con nuestros sistemas de navegación aérea, un avión necesitaría un radio de 200 millas para poder efectuar un giro de esa naturaleza.

Ese mismo aparato —volando a 450 o 500 millas por hora— precisaría de un radio mínimo de 8 millas para efectuar un giro semejante.

El caso de los tres OVNIS sobre la avioneta mexicana ofrecía, en mi opinión, un alto grado de credibilidad. Mucho más a partir de la detección de los «ecos» no identificados en las pantallas de radar.

Tampoco era ésta la primera vez —ni será la última— que las autoridades aeronáuticas o militares de México o de cualquier otro país intentan camuflar la verdad...

Una vez terminada la investigación, quedó en mí, flotando como un fantasma, una duda que todavía no he podido disipar.

Si el caso fue realmente cierto y esos tres OVNIS volaron materialmente pegados a la Piper, ¿por qué bloquearon el tren de aterrizaje? ¿Qué sentido tenía magnetizar las partes mecánicas del tren, tal como apreciaron los técnicos en tierra?

Si los seres que tripulaban aquellos tres objetos eran conscientes de la avería que estaban produciendo, su comportamiento entraba de lleno en la más repugnante de las violencias.

A no ser —puestos a especular— que los OVNIS trataran de ayudar a la Piper en aquellos momentos de confusión por parte del piloto que, como se recordará, no terminaba de localizar la laguna de Tequesquitengo.

Sin embargo, en este caso, el «remedio» estuvo a punto de ser peor que la «enfermedad»...

Esta duda sobre la intencionalidad de los tripulantes de los OVNIS había aparecido ya en mi mente en otras ocasiones.

Algunos casos —tan oscuros como el presente— me obligaban a replantear la teoría de una «bondad» generalizada entre las diferentes civilizaciones que, sin duda, nos visitan desde siempre.

Y aunque también es cierto que esos sucesos constituyen una porción insignificante dentro de la casuística OVNI, uno no puede olvidarse de ellos con facilidad. Sobre todo cuando ha pasado horas en lugares remotos y solitarios, en plena oscuridad de la noche, esperando que aparezcan...

Viaje a la selva

Pronto me vi envuelto en el remolino de nuevas investigaciones.

Ante mí fueron alzándose casos desconcertantes de «aterrizajes» OVNI, de tripulantes, de misteriosas desapariciones, de naves que entraban y salían del golfo de México y de las aguas acristaladas del Pacífico, de «contactos» y de «contactados».

México era y es un «foco» permanente de avistamientos. Resulta difícil encontrar a alguien que no haya visto algún OVNI en su vida.

Y aunque, como sucede en otras partes del mundo, muchos de los casos que se toman por OVNIS son explicables, un estudio objetivo y exhaustivo refleja, no obstante, un muy elevado índice de «encuentros» con estos objetos y con los seres que los ocupan.

Pero no me referiré, por ahora, a esas encuestas y acontecimientos. Tiempo habrá.

A los pocos días de nuestra llegada a México tuvimos la suerte de entablar una sólida amistad con mi colega y escritor, Pedro Ferriz, director general de la agencia de noticias NOTIMEX y de la televisión azteca.

Conocía de antiguo sus libros e investigaciones en el campo de los OVNIS y sentía una sincera admiración por su labor de pionero en América. Su programa de televisión *Un mundo nos vigila* y posteriormente el libro del mismo título causaron un impacto que ni él mismo podría estimar. Durante años fue sensibilizando a la opinión pública en torno al «grave suceso de los objetos volantes no identificados». Esto, unido a sus conocimientos y experiencia en Ufología, lo convirtieron en un maestro del que hemos aprendido buena parte de los investigadores actuales.

No olvidaremos jamás su ayuda y cordialidad durante el tiempo que permanecimos en México.

Gracias a Pedro Ferriz tuve noticia del interés de la familia del presidente, licenciado López Portillo, por el tema de los OVNIS. El propio presidente y otros familiares habían sido, incluso, testigos de excepción del paso de una de estas naves.

Y una mañana, merced a las gestiones de Ferriz, Raquel y yo fuimos recibidos por la hermana del presidente, doña Margarita López Portillo, directora general de la Radio Difusión Mexicana.

Quedé aturdido, tanto por su sencillez como por el interés hacia el fenómeno OVNI. Un interés que, curiosamente, se va extendiendo entre los estadistas y altos dirigentes de todo el mundo.

Pero mi corazón estaba inquieto. Sabía que algo importante estaba a punto de suceder. Lo percibo ya con una cierta facilidad...

E, instintivamente, en los días sucesivos, permanecí en constante alerta. Mis investigaciones y visitas por el territorio mexicano se vieron impregnadas de un creciente nerviosismo.

Sin embargo, nada destacable sucedió hasta que Raquel y yo emprendimos un nuevo viaje por el interior del país.

Esta vez nos dirigimos hacia el Estado de Chiapas, en el Sur. Era nuestra primera visita a la célebre tumba de Palenque, donde se conserva la mundialmente famosa lápida del «astronauta», que recibe el mismo nombre.

Conforme el avión nos fue aproximando al aeropuerto de Villahermosa, ya en plena selva, mi excitación fue en aumento. Debía estar preparado, pues «algo» singular nos estaba siendo reservado.

Desde hace años —y sin que yo pueda controlarlo, ni saber por qué ocurre— «siento» a veces una «presencia», una «fuerza» sutil, que parece conducirme y protegerme. «Alguien» —estoy seguro— me acompaña día y noche...

Y aunque no me gusta hablar sin pruebas, hace tiempo que intuyo que esa «presencia» tiene mucho que ver con los seres que yo persigo tan afanosamente. «Montaña Roja» había sido un indicio más.

El «astronauta»: 13 siglos de olvido

Mi proverbial despiste hizo que nuestra llegada a la zona arqueológica de Palenque sufriera un considerable retraso.

Sumido, como casi siempre, en mil pensamientos y reflexiones, no me percaté de la salida del último autocar, que cubre la línea entre la ciudad de Villahermosa y la selva, donde se levantan los nueve soberbios edificios del conjunto palenquiano.

Agobiados por un calor húmedo, sofocante, propio de aquella región subtropical, nos vimos forzados a procurarnos un automóvil, no sin antes regatear con el avispado propietario. Al fin, el paisano accedió a conducirnos hasta Palenque por la razonable cifra de 700 pesos.

Hacia las 13.30 del mediodía, y después de soportar el rigor de un asfalto achicharrante, la selva mexicana se hizo mucho más tupida. Desaparecieron las extensas plantaciones de banana y piña y el paisaje fue ganado definitivamente por una vegetación impenetrable, rota tan sólo en su techo por corpulentos árboles de los que los mayas han extraído durante siglos maderas duras como la caoba, primavera, huayacán, parota y el noble cedro rojo. Estos bosques se entrelazan entre sí, tejiendo una segunda y no menos espesa bóveda de ramas, lianas y espinos. Al fin, a 132 kilómetros de Villahermosa, avistamos Palenque.

Sabíamos de la existencia de un hotelito en las proximidades de los templos, así que optamos por despedir al lugareño y pasar allí la noche.

Pero el tiempo apremiaba, y era tal mi deseo de conocer la cripta que, nada más pisar la zona arqueológica, contraté los servicios de Laurencio, un guía especializado. Y aunque se disponía a almorzar, el buen hombre —tan perspicaz como gentil— se percató inmediatamente de mi emoción y aplazó su refrigerio, invitándonos a que le siguiéramos.

El Gobierno mexicano ha sabido entender el alcance del tesoro arqueológico llamado Palenque y ha cuidado con un mimo excelente el conjunto del Palacio, de los siete templos y del Juego de Pelota.

Estrechas y limpias sendas, perfectamente señalizadas, serpentean entre las terrazas sobre las que fueron erigidos los edificios. Y rodeando la zona, otra muralla vegetal —amarilla, verde y negra, según la hora del día— que se derrama en más de 200 kilómetros cuadrados y en cuyas entrañas, según los expertos, quedan por descubrir más de 500 construcciones. Algunas —aseguran los arqueólogos— quizá tan impresionantes como las que ahora teníamos a la vista.

«¿Qué misterios aprisionará esa selva?», me pregunté mientras hacía un alto en la empinada escalinata que conduce hasta el Palacio.

«¿Qué tesoros milenarios y cuántas sorpresas nos esperan todavía en el interior de ese medio millar de edificaciones, sepultado por una vegetación que avanza día a día?»

Como ya me ha ocurrido frente a las selvas del Amazonas y en mitad del Machu Picchu, en Perú, experimenté un ardiente deseo de dejarlo todo —la civilización y la sociedad— y adentrarme en la espesura, en busca de quién sabe qué ciudad remota.

Pero una súbita borrasca monzónica me sacó de semejantes lucubraciones.

Durante un poco más de quince minutos, el cielo de Palenque se cubrió de unas masas plomizas, que rozaron las más altas copas de la selva. Y aquella vegetación sin lustre y roída por el sol se tornó de un verde brillante.

Lejos de molestarme, aquella cortina de agua —de gotas templadas y largas como vagones de ferrocarril— fue casi una bendición.

Y me dejé empapar.

Las piedras grises que forman las terrazas y las paredes y cubiertas de los templos y del propio palacio respondieron en los primeros segundos a la lluvia con una tímida capa de vapor blanco.

Al abrirse nuevamente el cielo azul, el perfume de las acacias se hizo más intenso y nos acompañó hasta el anochecer.

Laurencio Suárez Peredo, nuestro guía, dominaba su oficio. Y dejó para el final —como el mejor regalo para el espíritu— el Templo de las Inscripciones, en cuyas profundidades fue descubierto, el 15 de junio de 1952, el panteón del dios Pakal, que hoy se conoce en todo el mundo no por su verdadero nombre, sino por un alias: «el astronauta de Palenque».

Debo reconocer que estaba equivocado. Mi idea de Palenque se limitaba a la ya mencionada lápida funeraria, sobre la que ha sido labrado aquel espléndido y sugerente relieve, que muchos asocian a un hombre tripulando una especie de cápsula espacial.

Pero, con ser la parte más valiosa de la zona arqueológica, no era la única en Palenque.

Junto al referido Templo de las Inscripciones, y esparcidos en un radio de un kilómetro, aproximadamente, pueden admirarse también el Palacio —núcleo de la vida social, política y militar de aquel reducto maya—, el Juego de Pelota y los templos denominados del Sol, de la Cruz, del León, de la Cruz Foliada, del Conde y del Norte.

Todos ellos, nombres proporcionados en nuestros días y mientras se practicaban los descubrimientos.

La organización y el refinamiento de aquel pueblo tuvieron que ser considerables. A pesar de no conocer los metales, el arado o la rueda, los mayas fueron grandes expertos en arquitectura, cálculos matemáticos y astronómicos, urbanismo e ingeniería.

Allí estaban todavía —para demostrarlo— aquel acueducto, la canalización y el alcantarillado de la ciudad, las fosas sépticas que evitaban la contaminación y hasta los perfectos retretes o letrinas. Éstos, distribuidos estratégicamente por la zona y construidos de tal guisa que obligaban al necesitado a evacuar sus aguas mayores y menores prácticamente en cuclillas.

Y ésta —como ha demostrado la Medicina— es la postura fisiológicamente perfecta para tales menesteres.

El cuidado de los mayas en este sentido era tan minucioso, que llegaban a condimentar sus comidas con hierbas olorosas. De esta forma, sus excrementos no emanaban malos olores. El palacio, por ejemplo, disponía de cuatro retretes.

Dormían en camas de piedra y confeccionaron una escritura, a base de jeroglíficos, que todavía hoy, en pleno siglo xx, no hemos descifrado.

Precisamente estos jeroglíficos son los que han dado nombre al Templo de las Inscripciones.

Ya el tristemente famoso capitán español Antonio del Río —más conocido entre los indígenas, por sus desmanes y expolios, con el sobrenombre de *la Apisonadora*— escribía, en junio de 1787, un informe a la Audiencia de Guatemala, refiriéndose al templo en cuestión y describiendo las seis lápidas, tres a cada lado de la puerta que da entrada a la sala principal del templo, «todas ellas llenas de los varios caracteres, jeroglíficos o cifras sobredichas que resaltan sobre un bajorrelieve».

Por fortuna, *la Apisonadora* no llegó a descubrir el pasadizo que, desde el basamento del citado Templo de las Inscripciones, conducía a la que, dos siglos después, sería la cámara funeraria más famosa de América.

Fue necesario esperar hasta 1934-1936. En aquella época, el arqueólogo mexicano M. Ángel Fernández se percató de la presencia en el piso del templo de una losa rectangular con 12 orificios. Ésta fue la clave.

Algunos años después, el gran especialista Alberto Ruz Lhuillier inició las excavaciones. Al retirar la losa había quedado al descubierto una escalera interior, totalmente sepultada por toneladas de escombro. Y en 1952, como digo, después de haber extraído 350 toneladas de material de relleno que cegaba el conducto interior de la pirámide, los investigadores llegaron ante un muro de piedra y cal. Allí encontraron una caja de ofrenda, hecha con mampostería y que, con otros restos, contenía piezas de jade, conchas marinas, platos de barro ocre rojizo, una perla en forma de lágrima y dos orejas circulares de jade verde intenso.

Pero los arqueólogos —que ignoraban por completo lo que les aguardaba al otro lado de aquel muro— necesitaron de un nuevo y penoso esfuerzo para demoler un macizo de cuatro metros, formado con piedras y cal. El grado de humedad en el recinto era tal, que la cal, todavía fresca, quemaba las manos de los trabajadores.

Cuando, por fin, los obreros y arqueólogos —presa del lógico nerviosismo— retiraron este relleno, apareció al fondo, en la mitad superior, el paramento inclinado de la bóveda. En el suelo, a unos dos metros por detrás del muro, había dos gradas que conducen a un descansillo, algo más elevado que el piso del pasadizo.

Y allí tropezaron con una segunda y misteriosa caja. Ésta abarcaba todo el ancho del corredor y era cerrada por tres grandes losas, separadas entre sí por una gruesa capa de cal.

Al retirar la última de estas losas, los expedicionarios iluminaron la caja e hicieron un macabro descubrimiento:

En un espacio de 1,40 × 1,05 × 0,36 metros yacían los esqueletos de varios cuerpos humanos.

Se comprobó que los autores del enterramiento colectivo habían depositado cal fresca directamente sobre los cuerpos, ya que algunos trozos del material conservaban aún la forma de los cráneos.

Según los expertos, se trataba de cinco o seis cuerpos. Uno, al menos, había pertenecido a una mujer, y otro, posiblemente, a un niño. Todos ellos, familiares y servidores del «dios» Pakal.

Pero las sorpresas de los arqueólogos —y muy especialmente de Alberto Ruz, que dirigía la excavación— no habían hecho más que empezar.

Al fondo del pasadizo, y una vez retirado todo el relleno, observaron una gran lápida triangular, empotrada en la pared que cerraba el paso a los mexicanos.

Tras una minuciosa inspección descubrieron en la esquina inferior izquierda de la lápida un pequeño espacio, también triangular, relleno con piedras y cal. Al parecer, la gran losa se les había quedado corta en su base y los mayas se vieron obligados a cerrar la abertura con dicha «chapuza»...

Una «chapuza» que, dicho sea de paso, alegró en extremo a los arqueólogos.

La barreta del trabajador que encabezaba la cuadrilla penetró con facilidad entre las piedras y la cal, y Ruz Lhuillier, con la ayuda de una potente linterna eléctrica, miró por aquel hueco.

Era el primer hombre —después de trece siglos— que contemplaba la cámara funeraria del dios «Pakal-Kin», o «Escudo Solar».

«Lo que había detrás de la gran losa triangular —describió Ruz con emoción mal contenida— era una espaciosa cámara con relieves de estuco en los muros y un enorme monumento esculpido que la llenaba casi totalmente.»

Dos días después, el domingo 15 de junio del año del Señor de 1952, era franqueada la entrada a la cripta.

Fueron instantes tensos. Graves. Sólo las respiraciones agitadas de los trabajadores y arqueólogos rompieron al principio el silencio espeso y milenario del lugar.

Y con lágrimas en los ojos, Ruz y sus hombres fueron paseando los haces de luz de sus linternas por las paredes, piso y, finalmente, sobre el gigantesco sarcófago.

Éste descansaba sobre seis soportes monolíticos y aparecía adornado con hermosos relieves.

Gracias a este extraordinario hallazgo fue posible la consecución de nuevos fondos. Y la exploración del interior de la pirámide sobre la que se levanta el Templo de las Inscripciones pudo reanudarse cuatro meses más tarde.

Desde el primer día, una afilada incógnita flotó sobre el equipo de Ruz: ¿era macizo aquel monumento que ocupaba la casi totalidad de la cripta?

La única forma de averiguarlo era levantando aquella lápida que lo cubría. Una losa monolítica rectangular de 3,80 metros de largo por 2,20 de ancho y 0,25 de espesor.

Al principio, los arqueólogos no sabían qué pensar en relación con aquel extraño relieve que adornaba la citada lápida. Necesitaban más información. Era preciso saber si aquel bloque de tres metros de largo, 2,10 de ancho y 1,10 de espesor encerraba o no algún cadáver.

Quizá entonces pudieran desentrañar el significado de la enigmática grabación que aparecía en la lápida deposita-da sobre el monumento.

Por supuesto que por aquellos años de 1952, ni los ar-queólogos ni el resto del mundo, que contempló maravilla-do el descubrimiento, asociaron el relieve de la lápida con un «astronauta». Entre otras razones, porque no se habían producido aún los primeros vuelos tripulados alrededor de la Tierra.

En 1957, como se recordará, los rusos ponían en órbita el primer satélite artificial. Era el 4 de octubre cuando la URSS lanzaba el *Sputnik I*. Cinco años después, los nortea-mericanos llevaban a cabo el primer vuelo orbital tripu-lado.[1] La interpretación del «astronauta» de Palenque ha sido muy posterior. Y la mayor parte de los arqueólogos si-gue sin aceptar que dicho relieve representa un «astronau-ta». Pero dejemos para más adelante las posibles «interpre-taciones» de la lápida de calcarenita dolomítica.

Ruz temió que, al intentar elevarla, la lápida se quebra-ra. Y prefirió investigar primero.

Taladró el bloque por su esquina noroeste, pero no ha-lló cavidad alguna. La perforación llegó a 1,75 metros; es decir, más o menos al centro del monolito. Pero esto se de-bió a que el taladro no había entrado horizontalmente. Por el contrario, a 1,05 metros, la segunda perforación sí encon-tró el vacío.

Un alambre introducido en el agujero presentaba, al sa-

1. El 20 de febrero de 1962, John H. Glenn completaba tres órbi-tas a la Tierra en 4 horas y 56 minutos.

carse, partículas de pintura roja. Y el haz de luz de una linterna proyectado hacia el interior del bloque reveló a los investigadores una pared pintada de rojo.

El misterio se hizo ya apasionante.

¿Qué contenía el interior del monolito?

Pakal: ¿Un rey, un místico o un extraterrestre?

Ruz y sus hombres llegaron a la conclusión de que para levantar aquella lápida necesitarían, por lo menos, gatos de camión.

Después de adoptar todas las precauciones necesarias, cortaron un árbol de bari, y su tronco fue dividido en cuatro secciones de diferentes alturas. Sobre cuatro de estos trozos se situaron los gatos, interponiendo tablas entre esos últimos y los bordes de la lápida, con el fin de que el metal no lesionara la frágil piedra caliza y para que la presión se ejerciera no sólo en las cuatro esquinas, sino repartida a lo largo de los dos extremos de la lápida.

La noche del 27 de noviembre de ese mismo año se inició la maniobra.

A medida que los gatos levantaban la piedra —milímetro a milímetro—, los hombres colocaban secciones de tablas apiladas entre ésta y el bloque macizo que la sostenía. De esta forma, si alguno de los gatos fallaba, la lápida quedaría debidamente asentada.

Varias horas después, el sudoroso equipo había logrado levantarla hasta 0,80 metros. Entonces sustituyeron las tablas por seis gruesos troncos.

Pero Ruz no pudo resistir la tentación y, reptando como una serpiente, se deslizó bajo la losa, ignorando el grave peligro que hubiera supuesto el hundimiento de la lápida, con sus casi 6.000 kilos de peso.

Allí, en el gran bloque, había una cavidad de forma inusitada, y estaba sellada por otra lápida sumamente pulida, cuya forma se adaptaba matemáticamente a la cavidad.

Ruz observó la presencia de cuatro agujeros —dos en cada extremo—, con sus respectivos tapones de piedra.

Quitó dos y enfocó el interior con su linterna eléctrica.

Ya no cabía duda. El bloque monolítico guardaba un largo esqueleto.

Por tanto, todo el conjunto era un monumental sepulcro.

Utilizando los agujeros de la tapa como debió de hacerse cuando se puso en su sitio —quizá 1.300 años antes—, pasando entre ellos y, a su vez, colocando un palo entre las cuerdas, se destapó la tumba.

Aquello impresionó a Ruz y a sus colaboradores.

Las paredes y el fondo del sarcófago estaban cuidadosamente pulidos y pintados con pigmento rojo de cinabrio. Y, en el centro, los restos óseos de un individuo que había sido enterrado con sus joyas y amortajado en un lienzo igualmente rojo. La tela había desaparecido, pero el pigmento de la pintura estaba adherido a los huesos y adornos.

Sobre el esqueleto se encontraron las siguientes piezas:

Una máscara humana, formada por mosaico de jade, ojos de concha e iris de obsidiana. Pendiente de jade representando al «dios murciélago». Un par de boquillas cortas de jade, pasadores o «portamechones». Una diadema de 41 discos de jade, cinco perlas en mal estado de conservación. Un par de orejeras y un collar con 118 cuentas de jade. Otra cuenta de jade que debió de ser colocada en la boca del difunto y un peto de 189 cuentas tubulares. Dos pulseras de 200 cuentas de jade cada una. Dos narigueras o bezotes de jade. Una gruesa cuenta de jade en la mano izquierda y una cuenta cúbica en la derecha. Diez anillos de jade, a razón de uno en cada dedo. Otra gruesa cuenta, también de jade, cerca del pie izquierdo y una segunda cuenta de jade —excavada y provista de tapitas— junto al pie derecho. Una figurilla de jade bajo el pubis y tres figuras o alfileres de hueso.

En total, dentro y fuera del sarcófago, fueron halladas más de 900 joyas de jade, la piedra más preciada entre los mayas. Aquella civilización, como se sabe, no conocía el oro.

Pero, ¿quién era este misterioso personaje? ¿Podría tratarse —como afirman hoy algunos escritores e investigadores del llamado «realismo fantástico»— de un ser de otro mundo? ¿Un «astronauta» quizá? ¿Un «hombre» de elevada evolución mental y tecnológica que enseñó y dirigió a aquel pueblo?

¿Por qué aquel derroche de lujo y aquella tumba monumental? La realidad es que poco, muy poco, sabemos del denominado dios Pakal.

El examen antropológico de sus restos nos dice que se trataba, por supuesto, de un ser humano. Cuando falleció, debía de contar entre cuarenta y cincuenta años. Era del sexo masculino, y su esqueleto medía 1,73 metros.[1]

Y sigue el informe médico:

«... Parece probable que fuera un individuo de alta talla, bien proporcionado, sin lesiones patológicas aparentes y de

1. Según Florencia Muller, en su obra *Quintana Roo*, del Instituto Nacional de Antropología e Historia de México, «el maya adulto se caracteriza por ser de baja estatura, siendo las medidas medias de los hombres de 1,55 metros, y de las mujeres, de 1,42 metros. Son de hombros anchos, troncos macizos, con brazos relativamente largos». La talla del esqueleto encontrado en el interior de la tumba de Palenque pertenece a un individuo que debía de destacar sensiblemente sobre el resto de la población.

fuerte estructura ósea. Su cráneo presentaba notable deformación tabular oblicua, y sus incisivos estaban recortados.»

Según los antropólogos, «no, hay duda sobre el origen noble o aristocrático del personaje. Un detalle osteológico puede esgrimirse para confirmar esta aserción: el individuo, de alta talla y robusta complexión, tenía, sin embargo, manos finas, delicadas, casi podríamos decir que femeninas. Los anillos de jade que hallamos aún colocados en las falanges de sus dedos se ajustaban perfectamente al tamaño de las manos de una mujer de físico tan frágil como el de la actriz mexicana Dolores del Río, que se los probó en una oportunidad. Es obvio que el personaje de la tumba palenquiana nunca tuvo que realizar labores que significaran grandes esfuerzos físicos. Por ello podemos considerarlo, con seguridad, como miembro de la aristocracia, que constituía la clase dominante, de la que procedían tanto los jefes como los sacerdotes».

¿Estamos, entonces, ante un gran jefe maya? ¿Ante un rey poderoso y respetado?

O, como apunta el propio descubridor de la cripta del Templo de las Inscripciones —Alberto Ruz—, ¿fue un revolucionario en las creencias religiosas? ¿Un místico dotado de extraordinaria fuerza persuasiva, a quien se atribuirían milagros?

Quizá el secreto se encuentre en esos seis tableros repletos de jeroglíficos que se conservan en la fachada del templo, en la parte superior de la pirámide. O en los que adornan los laterales del sepulcro y de la célebre lápida que lo cubre.

Quizá la clave esté en el relieve conocido popularmente como «el astronauta de Palenque».

Pero la escritura maya sigue siendo un misterio para nosotros.

No obstante, hay un detalle que, en mi opinión, echa por tierra la teoría de un origen extraterrestre del dios Pakal. Me refiero a la considerable deformación de su cráneo. Como sucedía con el pueblo inca y otras civilizaciones americanas, a los miembros de la realeza o de las clases dominantes se les deformaba el cráneo por lo general a base de tablillas fuertemente sujetas a la cabeza desde los primeros días de su nacimiento. Con el tiempo, la caja craneal adquiría una forma «apepinada» —si se me permite la expresión—, que distinguía al individuo del resto de la comunidad.

Si esta «operación» sólo podía hacerse con éxito practicándola desde la más tierna infancia, es lógico pensar que el personaje enterrado en Palenque —y cuya deformación en este sentido es notable— nació en aquellas selvas mexicanas.

Pero esta hipótesis tampoco desvela el misterio del relieve de la lápida sepulcral.

¿Por qué esa postura tan forzada de la figura central sobre lo que, a primera vista, parece efectivamente un ingenio mecánico?

¿Es que aquel «dios» o rey o revolucionario tuvo acceso a algún tipo de nave espacial?

¿Pudieron proceder sus conocimientos del contacto con «dioses» que llegaran de otros mundos y precisamente a bordo de máquinas como la que parece haber sido labrada en la piedra?

Naturalmente, todo esto no son más que puras especulaciones. Y, si hemos de ser objetivos, tan escasamente científicas como las que hoy nos ofrecen los arqueólogos.

Porque, a mi corto entender, tampoco resulta demasiado claro que dicho relieve represente «a la Humanidad descendiente de los cuatro primeros hombres hechos por los dioses, con masa de maíz», tal y como dicen los citados profesionales de la Arqueología.

Es cierto que el *Popol Vuh* —la «biblia» maya— afirma que, después de los intentos frustrados, a base de barro y madera, en la creación del hombre, los «dioses» lo intentaron con masa de maíz.

«De maíz amarillo —dice el *Popol Vuh*— y de maíz blanco se hizo su carne; de masa de maíz se hicieron los brazos y las piernas del hombre. Únicamente masa de maíz entró en la carne de nuestros primeros padres, los cuatro hombres que fueron creados.»

Interpretar, en fin, el relieve de la lápida de Palenque como «la reencarnación del hombre en la planta del maíz» me parece más forzado y fantasioso, incluso, que la hipótesis de un individuo —quizá el dios Pakal— en el interior de un aparato tripulado que pudiera haber descendido en aquellos parajes.

El día en que el hombre consiga leer los jeroglíficos mayas —y concretamente los del Templo de las Inscripciones— quizá sepamos entonces quién se aproximó a la verdad...

El «psicoducto»: un túnel para el alma

Laurencio llevaba razón al prevenirnos. Los dos tramos de la escalera que conduce al fondo de la pirámide de Palenque son peligrosos. La humedad era tal que los peldaños rezumaban agua. Y esto los hacía en extremo resbaladizos.

Tanto el primer tramo, que se dirige hacia el Oeste, como el segundo, que desemboca en el fondo de la pirámide —a 25 metros por debajo del piso del santuario— mostraban, además, una considerable inclinación. Fue preciso bajar por ellos con todo tipo de precauciones.

La tiniebla del santuario maya había sido rota levemente por algunos puntos de luz amarilla, alojados en lo alto del pasadizo, a unos dos metros de altura.

La luminosidad resbalaba en las húmedas escaleras, proporcionando un tinte dorado y mágico a las paredes del conducto y a los casi 80 peldaños.

Tanto Raquel como yo agradecimos aquel cambio de temperatura. Del fuego tropical de la selva habíamos pasado a una atmósfera más soportable, en el negro y hasta hacía veintisiete años secreto pasadizo de la gran pirámide.

Conforme fui descendiendo hacia la cripta, los latidos de mi corazón fueron más violentos. Allí se percibía una densa energía.

El guía se detuvo en el descansillo existente entre los dos tramos de la escalera. Y señaló una especie de segundo escalón —eso me pareció al principio—, adosado al muro

Sur en el tramo superior que acabábamos de bajar y que continuaba por la parte inferior del muro Oeste, perdiéndose hacia el fondo de la pirámide, igualmente apoyado sobre los peldaños y el muro Norte de este segundo tramo.

—Es el «psicoducto» —anunció Laurencio, invitándonos a tocarlo—. Un conducto hueco.

El guía nos explicó que aquella especie de «serpiente» de lajas delgadas y cuadradas, unidas por cal, se prolongaba a lo largo de toda la escalera como una moldura hueca. Salía del propio sarcófago, precisamente en forma de serpiente, y ascendía después como un segundo e inútil peldaño, hasta terminar verticalmente debajo de la lápida perforada que cerraba la entrada a dicha escalera, en el piso del templo.

—Podría tratarse —apuntó Laurencio con la prudencia propia del que reconoce las limitaciones a que obligan tantos siglos de oscuridad y desconocimiento— de un conducto mágico. Un lugar por el que el alma del difunto podría escapar de la tumba, y resucitar.

Yo había leído que, en efecto, el pueblo maya —como ocurría con el egipcio y hasta con los primitivos hombres de Cromagnon— creía en «otra vida» después de la muerte.

Por ejemplo, el *Popol Vuh* nos describe la vida de los señores de Xilalba, país de los muertos. La «biblia» de los mayas afirma que «juegan a la pelota y hacen bromas y daño a los que llegan a su reino».

Entre los grupos de indígenas que pude encontrar todavía en el área maya persisten, por ejemplo, costumbres que ponen de manifiesto lo arraigado de la creencia en el paso a otro mundo...

En el ataúd colocan las pertenencias del difunto, que se supone seguirá necesitando: ropa, comida, aguardiente, tabaco, instrumentos de trabajo, monedas, adornos, amuletos, etc.

Y en algunas tierras del Yucatán, los ancianos me confirmaron que ellos prefieren los entierros sin ataúd. Es mejor que los envuelvan en mantas o petates, con el fin de que —libres de una carga pesada— puedan llegar a tiempo al Juicio Final y volver a la tierra el día de los difuntos.

En una misión del Estado de Guerrero, y también en Huajaca, supe que los familiares y amigos no lloran jamás en los velatorios y entierros mayas. De esta forma no afligen aún más al muerto.

Orientan el cadáver en el velorio y en la tumba para que pueda «ver» el Este, y en el propio territorio de Palenque «celebran» el aniversario del fallecimiento, con todo un festín. Incluso colocan la silla y los cubiertos del ausente, así como los manjares que más le satisfacían.

Y es tradición muy remota en todos los pueblos mayas que se llore con el nacimiento de un niño y se baile y organicen fiestas cuando una persona muere.

Y, bien mirado, los mayas tienen toda la razón.

Cuenta Landa, en la conquista española del Yucatán, que «esta gente ha creído siempre en la inmortalidad del alma. Creían que después de la muerte había otra vida más excelente, de la cual gozaba el alma en apartándose del cuerpo».

Por otra parte, al referirse al «Mitnal», adonde van a parar los viciosos, Landa dice que serán «atormentados por demonios, pasando por grandes necesidades de hambre, frío, cansancio y tristeza», y precisa que «esta mala y buena vida no tenían fin, por no tenerlo el alma».

Aunque Landa niega que los mayas tuvieran conocimiento de la resurrección de los cuerpos, los también especialistas Lizana y Cogolludo informan de que el dios Itzamná resucitaba a los muertos.

Ruz cuenta que entre ciertos pueblos mayas modernos

parece que la idea dominante implica no resurrección de la carne, sino transmigración del alma.

Para los cakchiqueles, «el muerto se convierte en estrella que, al nacer un niño, baja y se transforma en su alma».

La creencia de que el alma de los muertos pasa a los recién nacidos se halla también en Belice y en Yucatán, debido —dicen— «a que Dios no tiene suficientes almas para repoblar eternamente la Tierra».

La metempsicosis o transmigración del alma de un muerto a otro ser vivo ocurre en formas específicas para ciertos pecadores, «que quedan transformados en ranas, encerrados en árboles o bajo piedras. Y si pecaron sexualmente con cuñadas o comadres, pasan a los remolinos de viento que se forman durante la quema del monte, antes de la siembra.

«Si han dejado deudas, quedan convertidos en pavos o venados, destinados a ser cazados por sus acreedores, que podrán así recuperar el monto de las deudas, vendiendo su carne.»

En fin, las leyendas y tradiciones mayas son inagotables. Y todas ellas ponen de manifiesto la sólida fe de sus individuos en la existencia de una segunda vida.

Pero, ¿cómo llegaron a una creencia como ésta?

¿Por qué un pueblo tan atrasado en algunos aspectos, alcanzó, no obstante, semejante elevación espiritual? ¿Quién les enseñó? ¿Cómo es posible que dos civilizaciones tan distantes como la maya y la egipcia coincidieran en la concepción de pirámides?

¿Por qué en toda América sólo se ha encontrado una única pirámide funeraria: la de Palenque?

¿Es que estos dos pueblos tuvieron idénticos maestros?

De no ser así, ¿cómo entender que las sepulturas reales de Egipto coincidan con la de Palenque? En ésta, como en las egipcias, la cripta se halla en el corazón de la pirámide, su acceso comprende una entrada secreta, una escalera y un corredor, y la entrada está igualmente sellada con una gran losa.

El personaje enterrado lleva una máscara facial, y junto al sarcófago fueron depositados amuletos, comida, joyas, etc., tal y como sucedía con los faraones egipcios.

¿No es demasiada casualidad?

No sé cuánto tiempo permanecí frente a la gran losa del «astronauta» de Palenque.

Fueron Raquel y el guía quienes me sacaron de mi contemplación. Se hacía tarde.

Y a fe de sincero que, por más que lo intenté, no pude espantar el sentimiento de que aquel relieve estaba mucho más cercano a la idea de un vehículo espacial que a la reencarnación del hombre en maíz.

Eran demasiados detalles y casualidades.

La losa triangular que cerraba la cripta había sido sustituida por una gruesa reja. Desde ella podía contemplarse —en todo su esplendor— la lápida de casi seis toneladas, suspendida a poco más de un metro sobre el gran sarcófago.

Una dorada y sutil iluminación realzaba el relieve.

Yo había contemplado una réplica de la totalidad de la cripta, a tamaño natural, en la planta baja de la Sala Maya en el Museo Nacional de Antropología de México, D. F.

Pero esto era diferente.

Allí sentí, con mayor fuerza, aquella energía que forzaba mi corazón y erizaba mis cabellos.

En mitad del silencio saqué mi pequeña brújula de aceite y, disimuladamente, traté de averiguar si se registraba alguna alteración.

Pero no sucedió nada.

¿Qué clase de fuerza era entonces la que removía mis sentimientos y arrancaba escalofríos a mi espalda?

Y una vez más me sentí pequeño. Indefenso. Agobiado ante el misterio y ante mis propias limitaciones.

Por indicación de Laurencio, descendimos los 68 peldaños de la escalinata exterior del Templo de las Inscripciones, no frontalmente, como hubiera sido lo usual, sino con un giro lateral del cuerpo. De esta forma se hacía menos probable una caída por la aguda pendiente.

Al llegar a la plaza que se extiende frente a la pirámide, me dejé caer sobre la redonda piedra ceremonial existente al pie de la escalinata. Y me hice un firme propósito:

Desde aquel instante trataría —con todos los medios a mi alcance— de profundizar en el «misterio de Palenque». Era importante llegar a descifrar el relieve del «astronauta». Y para ello lo primero que debía hacer era estudiar e investigar los jeroglíficos que lo acompañan. Allí está la respuesta.

Al alejarnos de la zona arqueológica, con un sol moribundo y rojo a nuestras espaldas, flotando ya a duras penas sobre los gigantescos ahuehuetes, supe que volvería muy pronto —esta vez solo— a las selvas mayas.

Ummo en la selva mexicana

Creo que nunca olvidaré aquella noche del 14 de julio de 1977.

Hacia las siete y media de la tarde había oscurecido ya en la selva.

Al acomodarnos frente a una rústica mesa de madera, en La Cañada, un no menos tosco y primitivo «restaurante» en el poblado de Palenque, caímos en la cuenta de que hacía casi 24 horas que no probábamos bocado. Bastante más que el piloto mexicano De los Santos cuando tuvo su «encuentro» con los tres OVNIS. Y ni Raquel ni yo habíamos sufrido «espejismos» o «alucinaciones»...

A pesar de aquel calor húmedo que nos mantenía en un perpetuo baño de sudor, nos sentimos felices al conocer el «menú»: postas de róbalo y mole verde. Y si con esto no era suficiente, el cocinero nos habló de quesadillas, enchiladas, tacos de pollo y fríjoles refritos. Todo un repertorio de «antojitos», como resumen los mexicanos.

Todo ello bien rociado con el dulce y rosado vino del Yucatán.

El largo y cuidado recorrido por los templos y el palacio de la zona arqueológica nos había abierto un apetito de lobos.

Y conforme avanzó la noche, la barahúnda de la selva —con los chillidos de miles de papagayos y urracas y las siempre misteriosas «contraseñas» de búhos y lechuzas— fue penetrando a través de la cubierta de palma y cañas del local.

Algunos parroquianos consumían té o cerveza en las mesas contiguas y contemplaban con descaro y parsimonia a los numerosos turistas —la mayoría japoneses y nórdicos— que habían ido entrando.

Una hora después de nuestra llegada, el establecimiento presentaba un bullicioso aspecto y una desordenada mezcla de conversaciones en español, inglés, japonés y sueco.

Recuerdo que estaba distraído con uno de los periódicos que había comprado aquella misma mañana en el aeropuerto de México, D. F. Tenía la cabeza inclinada sobre una de las noticias y, con la mano derecha, removía mecánicamente el café.

Sólo Raquel se percató de la llegada de aquel hombre hasta nuestra mesa.

Cuando despegué la vista del periódico encontré frente a mí, al otro lado de la mesa, a un individuo que nos sonreía.

Era de mediana estatura. De pelo negro y tez morena, casi aceitunada. Pero sus facciones no eran propias de aquel territorio maya. Era de una complexión mucho más fuerte y musculosa que la de las gentes de Palenque. Yo diría que guardaba cierto parecido con el clásico tipo mediterráneo.

Como pude comprobar a lo largo de aquella inolvidable noche, ni siquiera su acento era mexicano.

—¿Qué tal lo estáis pasando? —preguntó sin dejar de sonreír.

Raquel y yo cruzamos una fugaz mirada. Estaba claro que ninguno de los dos lo conocíamos.

Y por pura cortesía le respondí con un «muy bien», más cargado de extrañeza que de otra cosa...

En décimas de segundo —mientras el hombre seguía

en pie, con los dedos ligeramente apoyados sobre la tabla de la mesa— pasaron por mi mente las más dispares posibilidades en torno a la identidad y, sobre todo, a las intenciones de aquel súbito personaje.

Pero todos mis temores se esfumaron cuando nuestro interlocutor, que no pasaría de los cuarenta o cuarenta y cinco años, pronunció las palabras OVNI y «astronauta» de Palenque.

Mi confusión fue ya total. E, instintivamente, guiándome por los sentimientos, me levanté, invitándole a que tomara asiento con nosotros. Y así lo hizo.

No hubo violencia alguna en aquellos primeros minutos de nuestro encuentro. Como si nos conociera de toda la vida, aquel hombre, de ojos negros y penetrantes, se interesó por nuestras impresiones sobre el citado «astronauta».

Mientras le respondíamos con simples vaguedades y fórmulas de compromiso, empecé a hacerme algunas preguntas:

«¿Quién era este individuo? ¿Por qué se había dirigido a nosotros, si en aquel momento llenaban el restaurante más de 40 o 50 personas?»

Y, sobre todo, «¿por qué había abierto la conversación con el asunto OVNI?».

Era imposible que supiera quién era yo y cuál era mi cometido en México. Mis libros habían llegado ya a Sudamérica y al propio México, pero era del todo improbable que hubieran podido identificarme, allí, en mitad de la selva de Chiapas.

Tenía que haber otra explicación.

Y como si hubiera adivinado mis pensamientos, comentó:

—No tengas temor alguno. Yo estoy aquí, posiblemente como tú, cumpliendo una misión.

Debió de leer la incredulidad en mi rostro, porque inmediatamente sonrió.

En aquel instante llegué a pensar que habíamos sentado un loco a nuestra mesa.

Pero no. Lo observé cuidadosamente, y Manuel Garza Rodarte —así dijo llamarse— parecía una persona sumamente cuerda, de modales educados y sin el menor asomo de una posible paranoia o cualquier otra perturbación mental.

Conforme fuimos adentrándonos en la conversación, estas dudas se disiparon por completo.

—Pero no entiendo —le repliqué—, ¿por qué hablas de una «misión»? ¿Y qué misión tienes tú?

Manuel no respondió a mis preguntas. Y sin perder aquella enigmática sonrisa, me recomendó que tuviera calma.

—Trataré de contestar a todas tus preguntas. Pero vayamos por partes.

Aquello no tenía pies ni cabeza. Yo no acababa de comprender. Pero me propuse desentrañar aquel nuevo «misterio» y llegar al final..., suponiendo que lo tuviera.

Pedí más café. En los ojos de Raquel descubrí la misma curiosidad —o más— que la que me llenaba a mí desde el principio.

Manuel no aceptó invitación alguna. Y siguió hablando.

—Sé que te intriga la lápida de la cripta del Templo de las Inscripciones. ¿Qué piensas tú del... «astronauta»?

Era el colmo. ¿Cómo sabía él que yo sentía un interés tan profundo por aquel relieve? Me tranquilicé a mí mismo pensando que podía tratarse de una simple y lógica deducción. Yo era un turista europeo que visitaba Palenque, y todo el que ve dicha lápida se hace preguntas.

—Tengo mis dudas sobre esa teoría de un maya «astronauta» —insinué con ánimo de tirarle de la lengua. Y, antes de que pudiera articular palabra, le pregunté a mi vez—: Y tú, ¿qué dices? ¿Era realmente un «astronauta», tal y como lo entendemos nosotros?

—No. Tampoco pienso que esa lápida nos esté hablando de un maya «astronauta». Eso, para mí, es una profecía. El «dios» que fue enterrado bajo el Templo de las Inscripciones era un profeta. Más o menos como Buda, Mahoma, etc. «Sabía» que el hombre —algún día— circunvalaría el planeta y quiso que quedara reflejado sobre su tumba.

—Pero eso es una teoría más —argumenté, un tanto decepcionado.

—Si algún día logran descifrar los jeroglíficos que rodean dicha lápida, te darás cuenta.

—En el supuesto de que eso fuera cierto, ¿cómo pudo saber el dios Pakal...?

—Pakal-Kin —me corrigió—. El maya enterrado en Palenque era conocido por este nombre. Y esto significa «Escudo Solar». ¿Por qué crees que le llamaron así?

—No lo sé...

—Lo sabes muy bien.

Manuel pronunció aquellas palabras como si se tratara de un padre que reprende cariñosamente a un hijo. Me turbé.

—Aunque los arqueólogos lo asocien con otras interpretaciones —prosiguió—, tú sabes que la mitología y las tradiciones de muchos pueblos del mundo están íntimamente unidas a la presencia de fenómenos que entonces sólo podían ser asimilados como algo sobrenatural o divino. Los «dioses» que descendían de los cielos en «carros de fuego», o «escudos solares», o «serpientes emplumadas», o «nubes luminosas», no eran sino lo que hoy nosotros empezamos a conocer como astronautas o viajeros del espacio.

—Según esto, ¿el dios «Pakal-Kin» o «Escudo Solar»

pudo tener alguna vinculación con esos seres del espacio que nos visitaron hace miles de años?

—Sin duda. Por eso quizá tuvo acceso a conocimientos superiores. Y por eso quizá —Manuel remachó estas frases— recibió el nombre de Pakal-Kin.

—No lo entiendo. Si ese «contacto» con seres más adelantados fue real, ¿cómo explicar que el pueblo maya no pasara del horizonte neolítico? ¿Cómo entender que no les enseñaran, por ejemplo, el uso de la rueda, los metales, el arado, etc.?

—Todo está programado en los universos. Y en ese momento, los que descendieron sobre estas tierras sólo influyeron, quizá, en la evolución del pueblo maya. Por eso no les mostraron lo que tú expones.

Las preguntas empezaron a brotar con mayor fluidez.

—Entonces, ¿qué papel crees tú que juegan esos seres del espacio respecto a un mundo como el nuestro?

—No todos tienen el mismo nivel espiritual. O, si lo prefieres, no todos están en la misma dimensión. Los seres en los que tú piensas (y que son conocidos desde antiguo como «ángeles» o «enviados») vienen a desempeñar una labor, en cierto modo, parecida a la de los «maestros en una escuela de niños».

—¿Por qué hablas de «universos» y de «dimensiones»?

—Porque hay otros que el hombre no puede siquiera imaginar.

—¿Físicos?

—Sí, aunque esa concepción dista mucho de la que tú conoces.

—Eso es como no decir nada.

—¿Podrías hacerle comprender a un niño de tres años la realidad de la fusión y de la fisión nucleares? Y, sin embargo, tú sabes que ese «mundo» es real.

—¿Y cómo y cuándo llegaremos a esos «universos»?

—Te repito que todo está programado por la Gran Energía.

—¿También nuestro paso, ahora, por esta vida?

—Por supuesto. Cuando «cumplas» con la misión encomendada, morirás. Puedes estar seguro de que, ni aquí ni en ningún otro lugar, se regala un solo minuto.

»Cada uno de nosotros debe cubrir cientos de reencarnaciones. Después, cuando su nivel espiritual ha alcanzado las cotas precisas, cambia de dimensión.

—¿Cuántas dimensiones hay?

—Eso sólo lo conoce la Gran Energía.

—Dime entonces, ¿de dónde somos realmente?

El curioso personaje que tenía frente a mí me observó con resignación. Como si no hubiera captado lo que trataba de decirme. Pero indudablemente no exteriorizó aquel sentimiento. Y me respondió con una sola frase:

—¡Pobre del ser humano que tiene patria! Porque su lugar es muy pequeño en el Universo.

—Antes hablaste del nivel espiritual. ¿Cuándo puede saber el hombre que está mentalmente maduro?

—Está maduro aquel que se autocritica. Pero esto sólo lo logran los «dioses». Los humanos siempre encontramos justificación a nuestros errores.

Manuel siguió hablando. Tanto mi mujer como yo permanecimos mudos. En un momento de la conversación —y sin que guardara la menor relación con lo que estábamos hablando—, Manuel sacó una pluma y escribió la palabra UMMO en una de las márgenes del periódico que había quedado sobre la mesa.

Aquellas letras fueron dibujadas a una enorme velocidad —quizá en décimas de segundo— y de tal forma que, aunque estaba sentado frente a mí, fuera yo quien pudiera leerlas directamente.

Pero el hombre siguió con el tema que nos ocupaba:

—Los que nos atacan y critican tienen esa misión. Sólo así es posible que nosotros encontremos la verdad y que sigamos buscando. No puede haber Perfección sin esa crítica.

No pude contenerme más y le interrogué sobre la palabra que había escrito y que, evidentemente, estaba dibujada con la intención de que tanto Raquel como yo pudiéramos leerla sin dificultades.

—¿UMMO un planeta? —preguntó a su vez—. No tiene por qué ser un planeta.

Fui yo quien tomó entonces la pluma y dibujó sobre aquel mismo periódico el conocido signo —una especie de H con una tercera barra en el centro— que, dicen, corresponde al emblema de dicho mundo.

—Quizá sepas —le comenté— que en 1967 se produjo un avistamiento OVNI sobre una localidad española denominada San José de Valderas. Aquel OVNI, que fue fotografiado, llevaba en su «panza» este mismo signo. Y los que afirman haber recibido «informes» de los ummitas fueron advertidos con antelación de la aparición de dicha nave.

Manuel se hizo nuevamente con la pluma y, prolongando cada una de las barras laterales de la H, trazó sendas circunferencias. A continuación dibujó el signo + en el centro del círculo de la izquierda, y el – en el de la derecha.

Y me pidió que prestara atención a lo que acababa de hacer.

—Sé a lo que te refieres cuando hablas del planeta UMMO. Yo vi uno de esos OVNIS en 1964, en compañía de otra persona. Pero te repito que este signo no tiene por qué representar a un planeta.

Aunque ardía en deseos de preguntarle sobre lo que aseguraba haber visto en 1964 —¡tres años antes de lo de San José de Valderas!—, procuré no romper su exposición.

—Éste puede ser el signo del Universo. Todo en él se mueve y está dirigido en dos sentidos: positivo y negativo.

—Entonces, ¿los conceptos del bien y del mal?

—Son relativos y, por supuesto, complementarios. Sin uno no puede existir el otro.

—¿Significa eso que la idea del bien y del mal puede ser constante en todo el Universo?

—Si los mundos se encuentran en nuestro mismo espaciotiempo, sí. Os pondré un ejemplo. Imaginad tres planetas dentro de nuestro Cosmos. Uno «vive» en el futuro. Otro en el pasado y un tercero en nuestro presente. En este último, los conceptos de belleza y maldad pueden ser similares a los nuestros. Pero tú quieres saber qué fue lo que vi en 1964...

Asentí.

—Bien. Me encontraba cazando con otra persona al este de México. En Veracruz. Eran las seis y media de la tarde de un día luminoso de verano. De pronto, cuando caminábamos por el monte, vimos cómo los perros regresaban asustados. Levantamos la vista, y a unos 80 metros descubrimos un gran disco plateado. Permaneció unos segundos frente a nosotros, a escasa altura, y después se disparó en horizontal, alejándose. En su parte inferior llevaba un dibujo como éste que tú has trazado. Y ocupaba la totalidad de la «panza».

Si Manuel decía la verdad, el avistamiento de este OVNI —con la famosa H en una de las caras del disco— venía a ratificar la autenticidad del caso de San José de Valderas, sumamente discutido en la actualidad.

Pero, ¿cómo comprobar que aquel hombre me estaba relatando algo verídico?

Sólo podía confiar en su palabra. Pero esto no es suficiente para un investigador. Y le rogué me diera el nombre de su compañero. Manuel accedió sin reparos. Sin embargo —y por el momento—, no he podido localizar a este segundo y vital testigo.

Pero sé que, si no ha muerto, tarde o temprano daré con él.

Nuestra conversación se prolongó hasta bien entrada la madrugada.

Antes de que se alejara, le formulé dos últimas preguntas.

Primera: ¿Cuál entendía él que era el camino de la felicidad?

A ésta, Manuel respondió así:

—Es muy simple. Intentad siempre que vuestras mentes y cuerpos estén en equilibrio, en armonía...

Segunda: ¿Por qué se había dirigido precisamente a nosotros en aquel restaurante?

Pero a esta cuestión, el enigmático personaje de la selva palenquiana respondió con aquella larga y reconfortante sonrisa.

Jamás he vuelto a verle.

Al día siguiente, casi al amanecer, y mientras Raquel dormía, me dirigí al poblado e indagué sobre la personalidad de Manuel Garza Rodarte.

En efecto, era conocido en Palenque como guía profesional de la zona arqueológica. Vivía allí desde hacía algunos años y era respetado por su seriedad y honradez.

Sin embargo, poco pude saber de su origen y pasado. Únicamente, «que había llegado del Norte».

Días después, al volar de regreso a España, empecé a comprender lo importante de aquel viaje al país azteca y —muy especialmente— lo importante de aquel «encuentro» en la selva de Chiapas.

Aviaco 501: La «nube» que paró el tiempo

La azafata Ana Fernández de la Calzada, jefe de cabina de aquel vuelo 501 de Aviaco, de Valencia a Bilbao y Santander, preguntó al comandante por qué tardaban tanto en llegar al aeropuerto santanderino.

—El pasaje —comentó la azafata a Carlos García Bermúdez— está inquieto. ¿Es que también hace mal tiempo en Santander?

Ni los pasajeros de aquel avión Caravelle ni las azafatas podían sospechar en aquellos momentos lo que estaba sucediendo en la cabina de mando.

Conocí al comandante Bermúdez poco después de mi viaje a México.

El aeropuerto bilbaíno de Sondica ha sido siempre una especie de «maldición faraónica» para las compañías aéreas, y no digamos para los usuarios. Las pésimas condiciones meteorológicas que reinan en aquella región, unidas a la falta de ayudas radioeléctricas a la navegación aérea, han situado al citado aeropuerto de Bilbao entre los más incómodos y peligrosos.

Gracias a estas poco gratas circunstancias, un día me encontré sentado frente al joven comandante de Aviaco, Carlos García Bermúdez.

Hasta mí había llegado la agradable noticia de un récord. A pesar de todas esas adversidades que flotan siempre sobre Sondica, el comandante Bermúdez acababa de realizar su aterrizaje número 1.000 en las pistas del mencionado aeropuerto vasco.

Por tanto, era el piloto con más experiencia —y no digamos voluntad— de cuantos entraban y salían del «Bocho».

Y mi periódico me encargó una amplia entrevista con el héroe.

Así, mi primer encuentro con Carlos nada tuvo que ver con el asunto OVNI.

Era el otoño de 1978, y a partir de aquella tarde, en el amplio salón del Hotel Ercilla, en la capital vizcaína, nuestra amistad ha ido en aumento.

Quedé sorprendido. A pesar de sus escasos treinta y siete años, Carlos García Bermúdez suma ya más de 10.000 horas de vuelo.

De éstas, 7.000 como comandante.

En aquella primera conversación, Carlos me habló de sus tiempos como piloto de caza. Cinco años volando el Messerschmitt 109 en Albacete, en la 37 Ala de Transporte con el Douglas DC-3; sus vuelos por el desierto, en El-Aiún; seis años fumigando por toda España, Turquía y Argel, y aquel percance en Los Palacios (Sevilla), cuando una «nube» de mosquitos le taponó el radiador, salvando la vida gracias a su serenidad y sangre fría.

Después, en 1968, fue requerido para participar —como piloto de combate— en la filmación de *La batalla de Inglaterra*. Y voló nuevamente el Messerschmitt y el Spitfire.

En diciembre de ese mismo año ingresó en las líneas aéreas. Primero en la Compañía Transeuropa. Aquí conoció la totalidad de los aeropuertos europeos. Una de sus rutas más frecuentes fue la de Palma-Viena-Moscú, trasladando equipos de pescadores rusos.

Después pasó a la compañía Aviaco, donde lleva más de diez años volando el Caravelle.

Su profesionalidad y pericia quedan, en fin, fuera de toda duda.

Al final de nuestra entrevista —como ocurre casi siempre— terminé por sacar a flote el tema que me preocupa: los OVNIS. El comandante Bermúdez me aseguró que él jamás había visto nada. Es más: se consideraba escéptico.

«Yo, mientras no los vea con estos ojos...»

¿Quién podía imaginar que pocos meses más tarde —en enero y marzo de 1979, respectivamente—, este comandante sería testigo, junto con otros pilotos, de dos hechos más que misteriosos?

Por segunda vez, la azafata abrió la puerta de cabina e interrogó a los pilotos.

¿Qué pasaba en aquel trayecto Bilbao-Santander? Si el tiempo normal de vuelo de un Caravelle entre uno y otro punto oscila entre los 12 y 15 minutos, ¿por qué pasaban ya de 25?

Pocos días después de aquel 31 de enero de 1979 volví a ver al comandante Bermúdez. Afortunadamente para mí se encontraba con él el segundo piloto, Antonio Pérez Fernández, otro gran profesional y mejor amigo.

Tanto uno como otro no lograban hallar una explicación satisfactoria para lo sucedido el 31 de enero.

—Aquella tarde —me refirieron los pilotos— hacíamos un vuelo regular entre Valencia y Bilbao. El tiempo y las condiciones meteorológicas fueron buenos. Pero al llegar a Sondica, la visibilidad se redujo en extremo y el aeropuerto quedó «bajo mínimos». Era imposible aterrizar. Así que nos dirigimos al aeropuerto «alternativo». En este caso hacia Santander. No era la primera vez que ocurría una cosa así. Una vez en Santander, el pasaje sería trasladado por carretera hasta Bilbao. Y pusimos rumbo al «alternativo». En la vertical de Bilbao pedimos autorización para descender desde 24.000 pies —que era nuestro nivel de vuelo desde Valencia— hasta 12.000. De esta forma, conforme nos aproximábamos a Santander, iríamos bajando. Desde Bilbao a Santander hay unas 40 millas. Pues bien, cuando estábamos a unas 22 o 24 de Sondica entramos en una nube de tipo lenticular, muy luminosa y espesa. Aquella luminosidad tan intensa no nos pareció anormal. Hay muchas nubes que nos obligan, incluso, a ponernos gafas oscuras. Pero nada más perforar la nube, los instrumentos de navegación «enloquecieron». Fallaron cuatro RMI, dos MHR4B, los dos HZ4, el radar meteorológico, los dos VHF y el DME.

—¿Y en qué consisten?

—Los RMI, o «Radio Magnetic Indicator», son brújulas electrónicas. En realidad se trata de seis, puesto que dos equivalen a los dos MHR4B. Tres de estas brújulas electrónicas son controladas por el comandante, y las otras tres, por el segundo piloto. Y tanto un bloque como el otro son independientes entre sí en cuanto al suministro de energía eléctrica. Por tanto, el fallo de una unidad no afecta al segundo bloque. En cuanto a los MHR4B, son también brújulas electrónicas, pero integradas dentro de unas indicaciones de radiales VOR. Éste consiste en una estación que envía señales a los 360 grados. Los dos HZ4 son otros tantos horizontes artificiales, y los VHF, dos sistemas de radio que reciben y transmiten simultáneamente y que son también independientes entre sí.

—¿Y el DME?

—Un medidor de distancia. Podríamos llamarlo «cuentamillas».

—¿Todo falló a la vez?

—Instantáneamente. Nada más entrar en la nube, las

brújulas, las seis, empezaron a girar como enloquecidas. Unas hacia la derecha y otras hacia la izquierda. ¡Y las seis a un mismo tiempo! Los horizontes artificiales, que siempre van esclavizados a los ejes del avión, estaban «fuera de sí». Mientras uno aparecía invertido —como si el avión volase «boca abajo»—, el otro marcaba como si estuviéramos virando a 90 grados hacia la derecha. Luego se situó hacia la izquierda. ¡Aquello era de locos!

—¿Y qué sucedió con el «cuentamillas»?

—Que empezó a marcar hacia atrás... ¡el colmo!

—No entiendo.

—Verás. Al pasar por la vertical de Bilbao, nuestro DME, o «guía de distancia», empezó a contar las millas que íbamos recorriendo. Es decir, partió de cero en Bilbao, y al llegar a la milla número 22 —que fue cuando entramos en la nube— se detuvo y empezó a contar... ¡hacia atrás! Como si el Caravelle hubiera dado la vuelta y se acercara nuevamente al aeropuerto de Bilbao. Llegó a las cero millas y aún retrocedió más, hasta «menos 9 millas».

—¿Como si volaseis hacia Pamplona?

—Exactamente. Pero esto no podía ser...

—¿Por qué no?

—Porque nuestro rumbo era Oeste (entre 290 o 270 grados, si no recuerdo mal). Por último, el DME se paró. Salió una barra roja que cruza la ventanita indicadora y que advierte que dicho aparato está apagado o fuera de servicio. Pero eso no podía ser, porque el equipo de DME seguía encendido, con la correspondiente indicación de ON.

—¿Y cómo sabíais que vuestro rumbo era Oeste?

—Por la brújula de agua. Era la única, gracias a Dios, que todavía funcionaba. No tiene la precisión de las electrónicas (que marcan hasta los grados), Pero, al menos, indicaba claramente el Oeste.

—¿Cuánto tiempo duró aquello?

—Siete minutos. Al salir de la nube, todo volvió a la normalidad.

—¿También falló el radar?

—En efecto. Se apagó cuando perforamos la nube. Hasta ese momento funcionaba y hacía los barridos correctamente.

—¿Y no pudisteis comunicar la situación a las torres de Santander o Bilbao?

—Imposible. Las dos estaciones de VHF quedaron mudas. Ni emitíamos ni podíamos recibir. Estuvimos llamando sin cesar en las frecuencias de Santander y Bilbao, ya que necesitábamos saber el tiempo existente en el primer aeropuerto. Aunque las anteriores notificaciones confirmaban que era bueno, de eso hacía ya más de una hora. Era importante que conociéramos la meteorología. Si el tiempo había cambiado y Santander estaba igualmente «bajo mínimos», el problema empezaba a complicarse. Sin embargo, nuestras llamadas fueron inútiles. Después supimos, al tomar tierra en Santander, que aquella torre nos había estado llamando durante todo ese tiempo. Pero tampoco nos encontraban. Un avión Fokker, que había despegado desde San Sebastián y con el mismo rumbo que nosotros, aunque a un nivel más bajo, sí escuchó a Santander cuando trataba de localizarnos por radio. Era algo extraño.

—¿Por qué?

—Los VHF no transmitían ni recibían. Ni siquiera la onda portadora. A veces ocurre que uno llama y no le escuchan, pero se nota que existe la emisión y se oye la portadora. En este caso no. Aquí sucedía como cuando se descuelga un teléfono, se sopla y no se percibe ni el sonido.

—A todo esto, ¿a qué hora entró el Caravelle en la nube?

—Hacia las 16.45.

—Prosigamos. ¿Se produjo algún fallo en los generadores?

—Ninguno. El avión lleva un tablero (el «panel de pánico») en el que se registra cualquier emergencia. Pero curiosamente no señaló fallo alguno. Nosotros estábamos preocupados precisamente por la presencia de cualquier incidencia en el suministro eléctrico. Pero no pasó nada. Y lo chequeamos todo: generadores, alternadores, transformadores, amplificadores, inversores, etc. Comprobamos los voltímetros, amperímetros y hasta las últimas fuentes de energía del avión. ¡Y nada! En principio, todo marchaba a las mil maravillas.

Al salir de la misteriosa nube blanca —siete minutos después de perforarla—, los pilotos recobraron el aliento al ver que los instrumentos volvían a su ser.

—Fue igualmente instantáneo. Al dejar atrás la nube, todo apareció como al principio. El «cuentamillas», por ejemplo, saltó a la milla número 22, que era la que, más o menos, señalaba al entrar en aquella «pesadilla». Y el radar se encendió de inmediato. Cosa rara, porque estos equipos siempre necesitan unos minutos de calentamiento. Por supuesto, y aunque no te lo hemos citado, también se desconectó el piloto automático. Pero esto fue una consecuencia lógica, al fallar los dos horizontes artificiales. Treinta o cuarenta segundos antes de dejar la nube —añadió el comandante Bermúdez— le dije a Antonio que deberíamos poner rumbo al Norte, hacia el mar. De esta forma nos veríamos libres de aquella nube. Si nos hubiera fallado el último horizonte artificial (el de emergencia) mientras volábamos en el interior de la formación nubosa, nuestra situación se habría visto seriamente comprometida.

—¿Habían funcionado correctamente esos doce sistemas antes de sobrevolar Bilbao?

—Sí. Al realizar el correspondiente chequeo, antes de despegar en Valencia, todo estaba bien.

Pero las sorpresas no habían terminado con la salida de la nube lenticular. Las dos o tres entradas de la azafata en cabina, interesándose por las razones de aquella extraña demora en la llegada del Caravelle a Santander, pusieron ya en alerta a los dos pilotos. Efectivamente, los relojes del avión marcaban un tiempo excesivo para un vuelo que debería haberse cubierto en un máximo de 15 minutos.

—¿Qué marcaban los relojes del reactor al aterrizar en Santander?

—Algo más sorprendente todavía: ¡32 minutos de vuelo desde Bilbao!

—Eso significa que (si el rumbo había sido constante hacia el Oeste) el Caravelle debería haber llegado hasta Asturias...

—Así es. Y a excepción de esos 30 o 40 segundos en que viramos hacia el Norte, nuestro rumbo fue siempre correcto.

—¿Qué consumo de combustible experimentó el avión?

—El previsto para 32 minutos de vuelo. Además, los anemómetros señalaban perfectamente la velocidad.

—No lo entiendo...

—Ni nosotros tampoco.

Resumiendo, esto quiere decir que el avión permaneció en el aire 17 minutos «más» de los que, lógicamente, debería haber necesitado para aterrizar en Santander...

—¿Habéis pensado en la posibilidad de que el Caravelle volara en círculo?

—Es imposible. Te hemos comentado que nos guiamos por la brújula de bitácora y el avión no abandonó en ningún instante el rumbo Oeste.

—¿Qué dimensiones podía tener aquella nube?

—Nuestra velocidad de crucero era de unos 300 nudos. Si permanecimos siete minutos en el interior de la misma, yo calculo que entre 30 y 40 millas.

—¿Había más nubes?

—Al salir de aquella masa luminosa encontramos un cielo totalmente azul y despejado. Sólo por debajo de nosotros había otras nubes. Pero no eran como ésta.

—Me pregunto si no pudo deberse todo a algún fenómeno externo, como las famosas cargas de energía estática...

—No lo creemos. No podría haber afectado a tantos equipos a un mismo tiempo. Además, ¿qué me dices de ese exceso en el tiempo de vuelo?

—¿Qué hicisteis al llegar a Santander?

—Pedimos a los mecánicos que comprobaran el sistema eléctrico, los instrumentos, etc. Pero no notaron nada anormal. Aquella misma tarde, hacia las siete, despegamos hacia Bilbao. Las condiciones meteorológicas habían mejorado y pudimos aterrizar en Sondica.

—¿Se produjo alguna otra alteración?

—Nada. El vuelo fue perfecto.

—¿Y la famosa nube?

—No llegamos a divisarla.

—¿Qué visibilidad había mientras volabais (ya no sé si se puede llamar así) en el interior de la nube?

—Nula.

—Entonces, ¿no visteis nada que se saliera de lo normal?

—Si te refieres a OVNIS, no.

—¿Y el pasaje o los restantes miembros de la tripulación?

—Tampoco. Sólo la jefe de cabina entró varias veces, algo preocupada por la tardanza. En este sentido, el pasaje también advirtió el exceso de tiempo.

Resulta verdaderamente difícil enjuiciar este caso. Si la

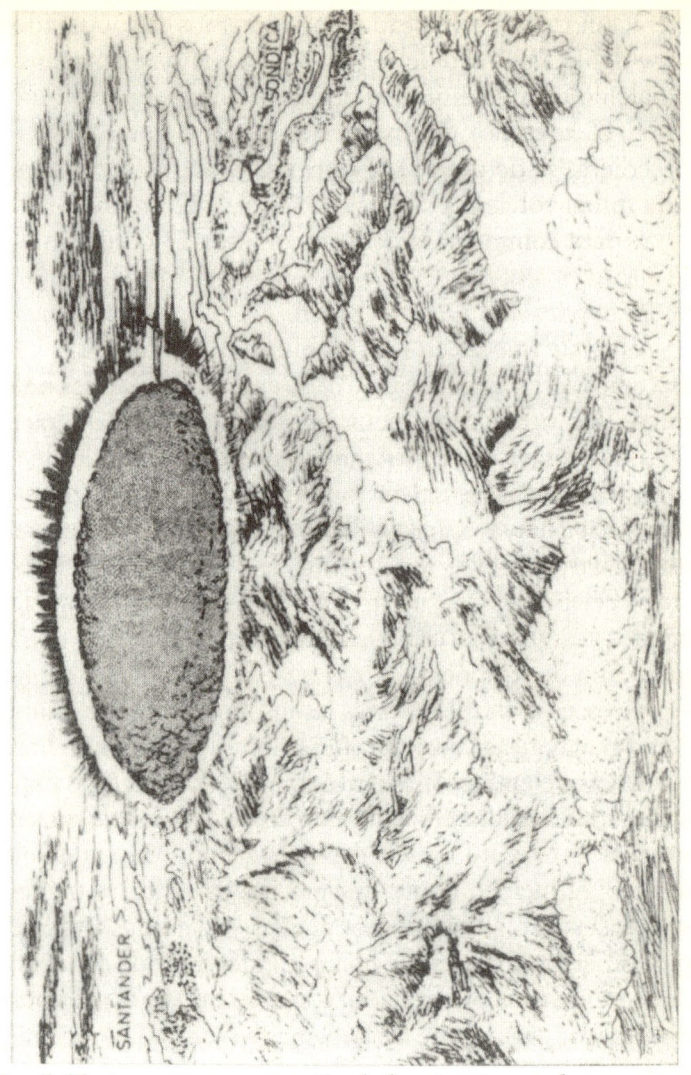

En el dibujo, una representación de la misteriosa nube que apareció entre Bilbao y Santander y en la que penetró el Caravelle. ¿Qué ocurrió en esos siete eternos minutos que el avión permaneció en su interior?

alteración de los sofisticados instrumentos de navegación no se debió a un fallo del avión —tal y como atestiguan sus pilotos—, ¿dónde estuvo su origen? ¿Cómo explicar que el DME, o «medidor de distancia», quedase paralizado, retrocediera, se detuviera nuevamente y, por último, al salir de la nube, volviese a su posición inicial: 22 millas?

Y, para colmo, ¿qué ocurrió con esos 17 o 20 minutos de más?

La explicación no parece fácil.

Antes de bucear en los posibles razonamientos es preciso considerar que el «caso» de los pilotos españoles no es único. Hay otros testimonios, curiosamente detectados en áreas tan «mágicas» e intrigantes como el Triángulo de las Bermudas o el Mar del Diablo, frente a las costas del Japón, y hacia cuyas aguas —dicho sea de paso— tengo previsto viajar en breve.

El célebre investigador Charles Berlitz ha recopilado algunos testimonios que guardan cierta semejanza con el que acabo de exponer.

«A veces —dice Berlitz—, las insólitas nieblas o "nubes electromagnéticas" parecen alterar también el tiempo horario: así, por ejemplo, la increíble ganancia de tiempo experimentada en vuelo por Bruce Gernon, Jr., el 4 de diciembre de 1970, cuando se dirigía de la isla de Andros a Palm Beach.» El incidente, que sugiere una aberración tiempo-espacio, está corroborado por el diario de a bordo, el copiloto, el personal de tierra e incluso las facturas de combustible. Gernon es piloto titulado, con unas 600 horas de vuelo, en su mayor parte, entre las Bahamas y Florida. Tiene veintinueve años, mide 1,80 metros, es de complexión robusta y su enfoque del vuelo es eminentemente práctico. Su excelente memoria para los detalles le permite recordar a la perfección los singulares sucesos de aquel vuelo.

Acompañado de su padre como copiloto, despegó de Andros en un Beechcraft Bonanza A36 y voló sobre los bancos de las Bahamas en ruta hacia Bimini. Mientras ascendía hacia la altitud propuesta de 3.100 metros, descubrió ante sí una nube de forma elíptica.[1]

«Estaba allí, inmóvil, inofensiva. Me ajustaba a mi plan de vuelo —declaró el piloto—, de modo que no pensé en ella. Si lo hubiera hecho, me habría dado cuenta de que tendría que haber estado mucho más alta. La sobrevolé mientras subía a razón de 300 metros por minuto, pero descubrí que ella también ascendía, exactamente a la misma velocidad que yo. A veces se me adelantaba, y luego se ponía otra vez a mi altura. Estimé que tendría unos 24 kilómetros de anchura. Pensé describir un giro de 180 grados e intentar regresar a Andros, pero, finalmente, logré cruzarla y el cielo quedó claro.

»Pero cuando me volví a mirar, vi que la nube se había hecho gigantesca y se había curvado en un enorme semicírculo, con otra parte por delante de nosotros, de unos 18.000 metros de altura. La base de la nube parecía penetrar directamente en el océano, a diferencia de otros cúmulos, que tienen por debajo precipitación o espacio libre...»

Gernon intentó volar rodeándola; pero, ante su consternación, descubrió que se encontraba en el «agujero» de una gigantesca «rosquilla», buscando una salida. Viendo una abertura, se precipitó hacia ella, al tiempo que ésta disminuía, hasta convertirse en una especie de túnel o agujero cilíndrico en la extraña nube. Al llegar al orificio, a una velocidad crítica de 370 km/h, su anchura se había reducido a unos 60 metros y seguía menguando.

1. Obsérvese la gran semejanza con la nube en la que penetraron los pilotos de la compañía española Aviaco en su vuelo Bilbao-Santander.

«Era como mirar por el cañón de una escopeta —relató Bruce—. Parecía ser un túnel horizontal como de kilómetro y medio de longitud, apuntando hacia Miami. Al otro lado podía ver un cielo claro y azul entre el túnel y Florida.»

Gernon enfiló su avión a una velocidad crítica por el túnel. Observó que las paredes eran de un blanco fosforescente; estaban claramente definidas, y pequeños copos de nube giraban en torno a ellas en el sentido de las agujas del reloj.

«Si el piloto automático no hubiera mantenido las alas alineadas en el horizonte, yo probablemente las hubiera hecho girar con la rotación de las nubes y me habría ido lateralmente contra las paredes.»

Durante los últimos veinte segundos, los extremos las alas llegaron a rozar las paredes del túnel por ambos dos. En aquel momento, Gernon experimentó una tot ausencia de gravedad por espacio de varios segundos.

Al salir del túnel se encontró con una neblina verdosa y opaca, en vez del cielo azul que anteriormente había visto. Si bien la visibilidad potencial parecía extenderse durante varios kilómetros, nada se veía, excepto la misma neblina blancoverdosa. Cuando intentó determinar la posición, comprobó que bailaban todos los instrumentos magnéticos de navegación y que le era imposible establecer contacto con el control de radar. Según su horario de vuelo, debía estar aproximándose a los cayos de Bimini. De pronto, surgió de la neblina, por debajo del avión, lo que parecía ser una isla, pero a una velocidad tremenda. Entonces, la radio captó el control de radar de Miami, informando de que un avión volaba hacia el Oeste sobre Miami. Gernon respondió que debían haber identificado a otro aparato, porque su Bonanza, según el horario de vuelo, debía estar todavía sobre los cayos de Bimini.

En aquel instante sucedió algo todavía más inusitado:

«Súbitamente aparecieron a mi alrededor grandes hendiduras —en la neblina—, como si estuviésemos contemplando un paisaje a través de una persiana. Corrían paralelas a nuestra dirección de vuelo. Las hendiduras se fueron haciendo cada vez mayores, y pudimos identificar Miami Beach directamente por debajo de nosotros.»[1]

Cuando aterrizó en Palm Beach, Gernon advirtió que el vuelo había durado sólo 45 minutos, en lugar de los 75 normales, y eso que había sido indirecto, cubriendo 400 kilómetros en vez de 320. Pero, ¿cómo podía haber cubierto el avión 400 kilómetros en 45 minutos, con una velocidad de crucero máxima de 298 kilómetros a la hora?

El piloto quiso llegar hasta el fondo del asunto. Comprobó las facturas de gasolina de vuelos anteriores y encontró que, habitualmente, el avión venía gastando un promedio de 150 litros en el mismo recorrido. Sin embargo, esta vez sólo había consumido 110 litros.

«Esto —según Gernon— encajaba en la media hora que faltaba, puesto que el Bonanza habría empleado 37 litros de combustible para volar durante 30 minutos, recorriendo unos 160 kilómetros.»

Aunque no tenga ninguna explicación segura para este salto en el tiempo, Bruce Gernon, Jr., sugiere que, mientras se encontraba en el túnel, la formación nubosa pudo estar avanzando a una velocidad de 1.600 kilómetros por hora, explicando al mismo tiempo el ahorro de gasolina. Y señala igualmente la fantástica coincidencia de que Mike Roxby, piloto de Merrid Island, Florida, se matase poco después, cuando su pequeño avión penetró en una nube, estrellándose después.

1. Para el avión de Gernon hubiera sido imposible volar en unos minutos de las Bimini a Miami.

171

Las variaciones horarias inexplicables registradas son unas veces más cortas que la media hora perdida por Gernon, y otras, mucho más largas, tal y como ocurrió con Carlos García Bermúdez y Antonio Pérez. En uno de los primeros estudios de casos investigados por Berlitz se describe también otra tan breve como sorprendente: la de los diez minutos esfumados en un vuelo a Miami de la National Airlines.

El avión, que desapareció del radar durante diez minutos antes de iniciar las operaciones de aterrizaje, volvió a aparecer luego y aterrizó normalmente. Los pilotos, sorprendidos al ver en la pista ambulancias, coches de bomberos, extintores, etc., se mostraron todavía más desconcertados cuando el personal de la torre y de salvamento les preguntó si habían tenido dificultades mientras estaban fuera del radar. Según dijeron el piloto y el copiloto, nada anormal había sucedido, exceptuando el vuelo por el interior de una niebla que duró unos diez minutos. Ante las insistentes preguntas respecto a su desaparición del radar, comprobaron sus relojes y hallaron que iban diez minutos atrasados. Entonces consultaron el cronómetro del avión, los relojes del personal auxiliar de vuelo e incluso, discretamente, los de algunos pasajeros, comprobando que todos ellos, inexplicablemente, se habían atrasado diez minutos. Es decir, el mismo lapso de tiempo que habían permanecido fuera del radar.

¿Y qué decir del caso de aquel piloto que penetró en una nube solitaria estando ya muy cerca de Bimini? Al salir de la misma —quince minutos después—, y sin hallar vientos contrarios ni otras condiciones poco habituales, se encontró aproximadamente en la misma posición que tenía antes de entrar en la nube.

¿Con qué o con quién nos enfrentamos? ¿Por qué el

Caravelle español consumió entre 17 y 20 minutos más de lo habitual en el vuelo entre Bilbao y la capital de la Montaña? ¿Es que fue «congelado» o «petrificado» en pleno vuelo? Evidentemente, no, puesto que el consumo de combustible fue el equivalente a ese tiempo extra. Por otra parte, los pilotos —de cuya pericia y honradez no puede dudarse— aseguran que el rumbo del reactor se mantuvo constante: siempre hacia el Oeste.

¿Qué nos queda entonces?

Sin despreciar, claro está, otras teorías quizá mucho más fantásticas, es posible —sólo posible, insisto—, que la nube que se interpuso en el camino del Caravelle fuera mucho más que una simple nube...

A la vista de los numerosos casos conocidos en el mundo —y en los que los OVNIS aparecen íntimamente vinculados a estas misteriosas «nubes»— me inclino a pensar que quizá en el interior de dicha formación nubosa podía hallarse una o varias de estas naves. En este caso, y por razones que nadie puede conocer, los supuestos OVNIS sometieron al avión a un desconcertante «proceso» de ralentización del tiempo humano. Cabe incluso la posibilidad de que el «paquete» nuboso se desplazara en sentido contrario al del Caravelle —es decir, con rumbo Este—, manteniendo siempre en su seno, y por algún procedimiento que ni siquiera podemos imaginar, al reactor. Esto, pienso yo, explicaría de alguna manera el frenazo del «cuentamillas» y su inexplicable «marcha atrás», «como si el avión —según palabras de los pilotos— volase en sentido contrario: hacia Bilbao, Pamplona, etc.».

Sé que todo esto no son más que puras elucubraciones. Pero, ¿qué otra explicación puede darse?

Un OVNI siguió a la jefe de cabina

¿Cosas del destino?

Uno no sabe qué pensar.

El caso es que aquella deliciosa azafata de la compañía Aviaco, Ana Fernández de la Calzada —jefe de cabina en el Caravelle que navegó por el interior de la nube «fantasma»— también había sido testigo de otro «objeto volante no identificado».

En una de mis múltiples entrevistas con los pilotos del referido vuelo, Ana —cuyo testimonio resultó igualmente clave— me informó de su experiencia, en la madrugada del 2 de agosto de 1974.

—Hacia las tres y media o cuatro —me expuso sin conceder demasiada trascendencia al hecho— viajaba con un amigo por la carretera de Madrid a Santander. Y al subir el puerto de El Escudo descubrí una luz en el cielo. Era una «estrella» impresionante. La atmósfera estaba limpia y vimos cómo nos seguía. Paramos el Mini. La luz (muy amarilla y luminosa) se detuvo también. Estaba sobre nuestra vertical. La verdad es que me asusté. ¿Por qué? Pues no lo sé bien. Estaba claro, eso sí, que «aquello», un OVNI o lo que fuera, nos observaba. El nuestro era el único vehículo en la carretera.

»¿A quién podía seguir? Y, sobre todo, ¿por qué detuvo su vuelo cuando nosotros nos paramos? Te diré una cosa, Juanjo. Yo no creía en OVNIS. De veras. Pero ahora... El caso es que nos metimos en el coche a toda prisa. Y el objeto aquel descendió y se posó o se quedó muy cerca, no lo sé bien, en un valle, a la derecha de la carretera. Entonces lo vimos mejor. Era redondo. Amarillo. Y lanzaba destellos. Quizá no le separarían ni 800 metros del Mini. Mi temor aumentó. Pusimos en marcha el vehículo y, al echar a andar, el objeto se elevó, siguiéndonos hasta lo alto del puerto.

»En ese momento despuntaba el alba y desapareció de nuestra vista.

Al concluir su relato pregunté a la azafata si se atrevería a comparar aquel objeto con algo conocido, bien por su forma de volar, características, etc.

Ana fue terminante:

En la madrugada del 2 de agosto de 1974, un OVNI de gran brillo descendió en el puerto de El Escudo. La azafata Ana Fernández de la Calzada fue testigo de excepción de la aparición y evoluciones del objeto.

—En absoluto. «Aquello», además, no hacía ruido. Si se hubiera tratado de un avión, helicóptero o cualquier otro aparato conocido, no habría sentido miedo.

—¿Por qué crees que experimentaste ese temor?

Ana dudó.

—Tampoco podría concretarlo bien. Quizá «sabía» o me daba cuenta de que estaba frente a lo desconocido. Frente a «algo» muy superior.

—¿Piensas ahora que los OVNIS son realidad?

—No es que lo piense. Es que lo sé, puesto que he visto uno.

—¿Te pareció un objeto sin control?

—Nada de eso. El OVNI volaba. Seguía nuestro mismo camino. Se paró cuando nosotros lo hicimos. Permaneció así unos minutos y, en el momento de entrar en el coche, descendió en vertical. Posiblemente tocó tierra. Daba intermitencias de luz, y cuando arrancamos se elevó. Se estabilizó a un determinado nivel y nos siguió otro buen rato. ¿A eso se le puede llamar «sin control»? Los que tripulaban ese objeto sabían perfectamente lo que hacían.

La lógica de la azafata me dejó sin habla. Tal y como les ocurriría —mes y medio después de su «aventura» con la «nube»— a los pilotos Carlos García Bermúdez y Antonio Pérez Fernández y a una segunda tripulación, también de Aviaco, formada por el comandante, Martín L. Sedó García Tuñón, y el segundo piloto, Pedro Pérez Núñez.

El «encuentro» de estos dos aviones con otro OVNI gigantesco ha entrado ya en los anales de la moderna ciencia que llamamos Ufología.

«Fortaleza» volante en la aerovía
Pamplona-Barcelona

—Al principio, nada más verlo, me quedé en silencio. Tardé algunos segundos, quizá un minuto, en comunicárselo al segundo piloto. Tampoco estaba muy seguro de lo que teníamos frente al avión. Al aproximarnos un poco más, quedé atónito. Le hice una señal a Antonio, que, «casualmente», como tú dices, volaba también conmigo en aquella tarde del domingo, 11 de marzo de 1979. «Mira», le dije. Y el segundo piloto pegó la nariz al parabrisas del DC-9. Y sin mirarme siquiera, soltó un «¡Anda!, ¿qué diablos es eso?».

Cuando, al lunes siguiente, día 12, Carlos García Bermúdez y Antonio Pérez Fernández aterrizaron en Bilbao, les faltó tiempo para llamarme.

—¡Ven para el hotel! —me comunicó en un tono urgente—. Tenemos que contarte algo.

Cuando los pilotos me hicieron un primer resumen de lo que habían visto la tarde anterior, quedé tan sorprendido como ellos.

¡Apenas habían transcurrido 40 días desde su experiencia con la «nube», en el vuelo entre Bilbao y Santander!

¿Cómo podía ser?

Afortunadamente para ellos, no habían sido los únicos testigos... Pero empecemos por el principio.

Hacia las 17.10 horas de ese domingo, Carlos y Antonio, como digo, pilotaban un reactor DC-9 de Aviaco. Era el vue-

177

lo 174. Habían despegado de Bilbao y se dirigían a Barcelona, siguiendo la «aerovía» UG23 («Verde Superior 23»).

El cielo estaba limpio. Azul. Con un sol brillante. Sin una sola nube. Todo marchaba como Dios manda...

—Al llegar a unas 25 millas al este de Pamplona —es decir, a poco más de 46 kilómetros— distinguí una masa oscura. Antonio y yo nos miramos. Pero ninguno supo qué decir. ¿Era una nube? Conforme nos fuimos acercando, aquel color casi negro se fue haciendo más claro. Semejante al plomo.

—Pero, ¿dónde estaba «aquello»? ¿En el suelo, en el aire?

—¡Flotando! Eso era lo incomprensible. Nosotros marchábamos un poco más altos. Total, que puse el radar. ¡Y nada!

—¿Tampoco como nube?

—Tampoco. La pantalla no daba señal alguna. Y conforme llegábamos a su altura, Antonio y yo vimos que estábamos ante «algo» con formas definidas.

—¿No era una nube?

—No. Rotundamente, no. Era simétrico. Pasamos por encima. Justo sobre su vertical. Y era evidente que sus aristas estaban absolutamente definidas. Repito —remachó Carlos— que sus formas eran perfectas.

Antonio, que seguía atentamente la conversación, asintió.

—Visto desde arriba parecía una seta. Y el conjunto nos recordó tres platos o discos superpuestos. En efecto, el color era gris plomizo.

—Pienso —les comenté en un nuevo intento por hallar una solución racional— que hay nubes que adoptan figuras estrambóticas.

—No. Te repetimos que «aquello» no era una nube.

178

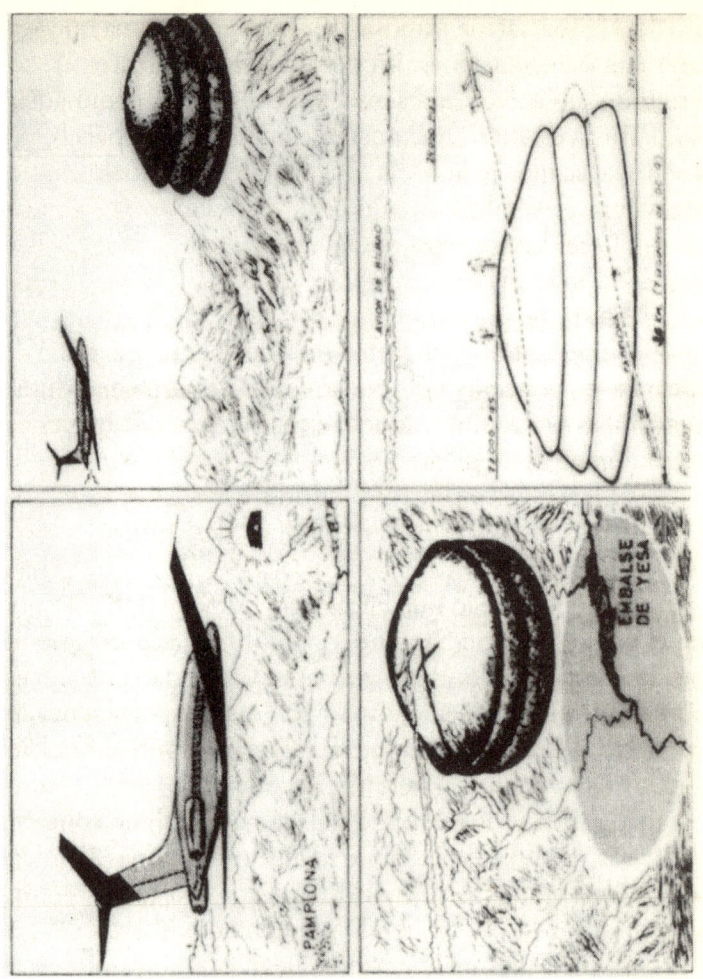

El primer avión que divisó la enorme «fortaleza» flotante fue el DC-9 que pilotaba Carlos García Bermúdez y que marchaba de Bilbao a Barcelona. «Era perfectamente simétrico y sus aristas —me detallaron los pilotos— estaban absolutamente definidas. Aquello, desde luego, no tenía nada que ver con una nube corriente...» El segundo avión, que despegó de Pamplona con rumbo a Barcelona, le dio una vuelta completa. «El tamaño de "aquello" era monstruoso», comentó el comandante.

Cualquier formación nubosa, por muy geométrica que sea, presenta deformaciones: jirones, deshilachamientos. Y, sobre todo, no ofrece una sensación de solidez, como aquello. Parecía estático en el mismo centro de la aerovía. O, al menos, si se movía, lo hacía muy lentamente. Abajo, en tierra, vimos su sombra. Era un óvalo perfecto.

—¿Qué dimensiones podía tener?

—No te lo vas a creer.

—Veamos.

—Necesitamos unos siete segundos para cruzarlo. Y lo hicimos por el centro. Si nuestro DC-9 marchaba a unas siete millas por minuto, aquella «cosa» tenía, por lo menos, tres kilómetros de diámetro.

—¿Llamasteis a control Madrid?

—Pensamos hacerlo. Pero, al final, desistimos.

—¿Por qué?

—¿Después de lo que había ocurrido con aquella nube en el vuelo Valencia-Santander? ¡No! Casi seguro que no nos hubieran creído. Pero, gracias al Cielo, nada más dejar atrás la gigantesca «seta», otro avión que despegaba del aeropuerto de Pamplona empezó a llamar a control Madrid. Era un DC-9, también de nuestra compañía.

«¡Madrid! ¡Oiga, Madrid! ¿Tiene usted algún contacto radar con un objeto volador no identificado, a unas 25 millas al este de Pamplona? ¡Madrid! ¡Oiga!» «Negativo —contestó Madrid—. No tengo ningún contacto radar.»

—¡No puedes imaginarte la alegría que nos dio escuchar la llamada del comandante Sedó...!

—¿A qué distancia volaba de vosotros ese DC-9?

—A unos tres o cuatro minutos. Entonces, este segundo Aviaco pidió permiso a Madrid para darle una vuelta completa al objeto. Y control Madrid le autorizó. Sedó, entonces, fue describiendo lo mismo que habíamos visto nosotros. Al poco, un tercer avión, esta vez de Iberia, y que pasaba en ese momento sobre Pamplona, rumbo a Francia, notificó a Madrid la presencia del misterioso objeto. Aquel nuevo testimonio nos animó a llamar. Tomé el telemicrófono y le dije a control: «Lo que ha reportado el Iberia y lo que ha dicho también el Aviaco Pamplona-Barcelona, lo ratifico yo plenamente. Hemos visto el objeto justo en la aerovía y en el punto descrito por los vuelos anteriores.»

—¿Y qué respondió Madrid?

—Nada, que ya tenía noticia del hecho, pero que no daba señalización en el radar.

—Si se trataba de un cuerpo sólido o metálico tenía que aparecer en pantalla. ¿Me equivoco?

—No. Y mucho menos, a la vista de las dimensiones del objeto. A no ser, claro, que «aquello» gozara de algún sistema para eludir o absorber las señales del radar.

—Pudiera ser.

—No es que «pudiera ser». Es que lo era. De lo contrario, la monstruosa masa que formaban aquellos tres «discos» habría aparecido en nuestros radares, en los de Madrid y, por supuesto, en los del Mando de la Defensa Aérea.

—¿Estaba claro, entonces, que el objeto era metálico?

—Sí, aunque parecía cubierto por «algo» sumamente extraño.

A partir de esos momentos, los dos DC-9 de Aviaco siguieron hablando a través de una frecuencia especial. Y comentaron lo sucedido.

Pocos días después de esta nueva entrevista con Carlos y Antonio, el comandante Martín Sedó me recibía amablemente en su domicilio, en Madrid.

Para entonces, y junto con mis buenos amigos Bermúdez y Antonio Pérez, yo había madurado la idea de crear una especie de asociación o club, formado por pilotos españoles —tanto civiles como militares—, que se sintieran atraídos por el tema de los OVNIS. Conocía ya a un buen número de profesionales que habían sido testigos directos y a otros que, en fin, deseaban conocer e investigar tan trascendental asunto con un máximo de rigor y seriedad.

Aquel mismo lunes, 12 de marzo, el comandante Bermúdez me ayudó a confeccionar una primera lista de pilotos a los que días después anuncié una reunión preparatoria o de «toma de contacto» para el 10 de abril. Por desgracia, una serie de viajes no previstos entonces nos obligaron a aplazar dicha reunión.

La segunda convocatoria —en carta personal mía— fue fijada nuevamente para el 10 de mayo de 1979. Todo estaba listo cuando, 48 horas antes, supe que ese mismo día 10 debería volar hacia África, en un nuevo viaje con Sus Majestades los reyes de España.

A dicha reunión, como digo, habían sido convocados oficialmente una veintena de comandantes y segundos pilotos de las líneas aéreas españolas.

Al regresar del Continente Negro —y aunque yo había notificado telefónica y telegráficamente a casi todos los interesados mi imposibilidad de estar presente— pude leer en una revista especializada que había sido creada una Coordinadora Información OVNI entre los pilotos civiles, por iniciativa de dos miembros de la referida revista.

El hecho no merece mayores consideraciones. En este país, ya se sabe, unos cardan la lana, y otros...

Tal y como pasa en otros órdenes de la vida, entre la «clase» ufológica de este país jamás podrá existir una sincera y sólida unión. Al menos, mientras no desaparezcan los celos ridículos, las envidias y, por supuesto, la considerable «nube» de ufólogos de salón que se comportan como el perro del hortelano.

Lo triste es que estas situaciones —lejos de contribuir al desarrollo de la investigación— diezman las posibilidades de grupos e individualidades que se afanan honesta y sinceramente por aportar algo al misterio OVNI.

Por eso, quizá, yo prefiero seguir en solitario.

Pero no perdamos el hilo del caso que nos ocupa.

¿Qué fue lo que vio el comandante Martín Sedó, de Aviaco, cuando fue autorizado a dar una vuelta completa con su DC-9 en torno a aquella seta gigante?

El bravo comandante Sedó

Creo que tanto Josefina, la mujer de Sedó, como sus cinco hijos, siguieron la narración del comandante con la misma curiosidad que yo.

—Aquella misma mañana —comenzó Martín mientras me ofrecía una reconfortante taza de café— yo había volado de Barcelona a Pamplona. La zona estaba cubierta e hicimos el vuelo entre nubes, con toda normalidad. Aterrizamos en el aeropuerto navarro y, tras una escala de unos 45 minutos, despegamos nuevamente rumbo a Barcelona. Salimos de Pamplona hacia las 15.52 horas, más o menos. El cielo había cambiado. Ahora estaba totalmente despejado. Sin una sola nube. Se veían los Pirineos con enorme nitidez. E iniciamos el ascenso hasta el nivel previsto: 24.000 pies.

»Cuando nos encontrábamos por los 15.000, empecé a ver lo que, desde aquella altura, confundí con una solitaria nube lenticular. Pedro Pérez Núñez, el segundo piloto, y yo, hicimos un comentario: «Vamos a echarnos un poco a la derecha, porque eso nos va a zambombar.»

—O sea, que vosotros lo identificasteis desde el primer momento con una nube, ¿no?

—Cualquiera que la hubiese visto desde tierra o desde un nivel como el nuestro, habría creído que era una simple nube de color gris perla y con los bordes negros. Estaba perfectamente definida. Así que decidimos desviarnos un poco. Este tipo de nubes está formado por efectos de viento, y en una cámara de la turbulencia queda encerrada la nubosidad. Son peligrosas, ya que, en general, en las zonas superiores e inferiores de la nube se dan fuertes perturbaciones. Al llegar a los 21.000 pies exactamente nos situamos al mismo nivel que la «nube». Su forma era ésta.

Martín Sedó tomó mi cuaderno de notas y dibujó el perfil del objeto.

—Esto —le comenté— tiene la clásica forma de un plato boca abajo.

—Es que parecía un platillo volante. Su base empezaba a los 21.000 pies, como te digo, y terminaba a los 23.000. Es decir, que «aquello» tenía una altura de 2.000 pies.

—¿En metros?

—Unos 600. Yo llevaba puesto el DME o «cuentamillas», y el objeto o lo que fuera estaba situado a 21 millas o 42 kilómetros de Pamplona.

—¿Dirección Este?

—Sí. Concretamente en un rumbo 120 y sobre la vertical del pantano de Yesa. A los 23.000 pies divisamos la «cúpula». Era brillante. Pero no era un solo objeto. ¡Allí había tres! Estaban superpuestos. Como pegados uno sobre el otro. Y perfectamente claros y definidos. La forma del conjunto me recordó la de esos aislantes de los postes de alta tensión. Aquello era tan extraño y sorprendente, que llamé a control Madrid.

—¿Por qué dices que te pareció «extraño»?

Sedó me señaló el dibujo y respondió:

—Porque no era nada conocido por nosotros. No se trataba de una nube. Eso era evidente. ¿Qué podían ser entonces aquellos tres enormes discos puestos el uno sobre el otro y flotando inmóviles a 21.000 pies de altura? Pregunté a control Madrid si tenían algún contacto radar en aquel punto y me respondieron negativamente. En ese momento, un avión de Iberia que marchaba por la ruta de Castejón hacia Francia y a unos 31.000 pies de altura confirmó que estaba viendo también aquella «nube». Por delante, como sabes, volaba Bermúdez, que había pasado sobre la vertical del objeto. Así que pedí autorización para hacer un 360.

—¿Qué es un 360?

—Una vuelta completa en torno a la insólita «nube».

—Disculpa. ¿Cómo fue el asunto del radar?

—Llamé a control Madrid y les pregunté si captaban algo en el radar. Pero la cobertura de Madrid no llega bien hasta allí. Entonces llamaron a «Siesta», en Calatayud. El radar militar nos dio una clave y entonces nos «vieron» rotando alrededor de «algo». Para ellos se trataba de una zona de silencio.

—¿Daba «eco» el objeto?

—Ninguno. Todo lo contrario. Los militares nos captaron a nosotros y registraron el giro que estábamos practicando, pero en el centro de ese «360», el radar sólo percibía lo que ellos llaman «zona de silencio». Como si hubiera una anulación o quizá una absorción del rayo.

—¿El giro fue completo?

—Sí. Empezamos a 21 millas de Pamplona y lo rematamos a 25. Es decir, yo calculo que el diámetro del objeto sería de unas dos millas, aproximadamente.

—¡Tres kilómetros y setecientos metros!

El comandante Sedó comprendió mi asombro.

—Parece imposible, ¿verdad? Sin embargo, así era. Y se mantenía quieto. Con una sombra que se proyectaba sobre el embalse de Yesa.

—¿Observaste ventanillas, emblemas, algo?

—De lado era perfecto. Como tres platillos totalmente simétricos y superpuestos. Con los bordes muy negros y el resto de un color gris perla. Pero todo era liso. No vi nada de eso.

—¿Era metálico?

—No, yo no tuve esa sensación. En un principio me pareció una masa gaseosa que envolvía algo. Y en un momento del giro llegué muy cerca y pensé en lanzarle el chorro de los motores para ver si se deshacía. Pero al llegar casi a 100 metros, me di cuenta de que no era una superficie gaseosa. ¡Estaba ante una masa sólida!

—¿Qué te hizo cambiar de idea? ¿Por qué no le lanzaste el chorro de los motores?

—Porque, ante todo, es la seguridad del pasaje. Aquellas 80 personas estaban pagando por ir de Pamplona a Barcelona. No de Pamplona al cielo.

—¿Había algún tipo de luminosidad?

—Sí. Al verlo a contrasol, aquello producía un efecto muy raro. La cúpula, por ejemplo, era nítida. Perfecta. Brillante. Pero no se trataba del brillo de una superficie metálica, que refleja el sol. Tanto el segundo piloto como las tres azafatas, que entraron en la cabina y también lo vieron, coincidieron conmigo en que la parte externa de «aquello» parecía «camuflaje». Como si estuvieran ocultando algo en su interior. Si en el viaje de ida, desde Barcelona a Pamplona, los tres discos habían estado allí, pudieron pasar perfectamente inadvertidos entre las nubes. Incluso después, al despejarse el cielo, cualquier observador, desde tierra, los habría identificado con una nube lenticular.

—¿Cuánto tiempo duró el viraje?

—Unos cinco minutos.

Durante ese tiempo, el comandante de Aviaco fue transmitiendo a control Madrid cuanto estaba viendo.

—Por último, nos alejamos. Y ascendimos a 24.000 pies, que era nuestra altitud de crucero, rumbo a Barcelona. Precisamente en ese momento, al despegarnos del objeto, lo vimos a contrasol. Y apreciamos como dos líneas que salían del disco superior. Parecían dos chorros o emanaciones.

—¿Se produjo alguna anormalidad en los instrumentos de navegación?

—Nada.

—¿Supiste si el Mando de la Defensa llegó a ordenar la salida de los cazas?

—En ese momento, no. Cuando llegamos a Barcelona, Pedro, mi segundo, llamó al controlador y éste le confirmó que control Madrid había pedido al radar de la Defensa que salieran los «interceptores». Pero la base de Zaragoza no lo juzgó oportuno.

»Después de todo esto —finalizó Martín Sedó— supe que el comandante del Fokker que hacía la ruta San Sebastián-Barcelona fue igualmente testigo del OVNI. Él pasó por Pamplona 30 o 45 minutos después que nosotros. Y el objeto estaba sobre la vertical de la provincia de Logroño. Eso quería decir que la nube se había desplazado en contra del viento. Aquel día era del Noroeste. Y siendo un anticiclón, lo más seguro es que girase hacia la derecha. A esa altitud, el viento podría alcanzar entre 20 y 25 nudos. ¿Cómo se explica que pudiera volar en contra de las corrientes? ¡Y con un viento de 40 a 50 kilómetros por hora!

Poco después de estas entrevistas con los pilotos españoles tuve acceso a los datos meteorológicos de aquellos días del mes de marzo de 1979. El Servicio Nacional de Meteorología, con sede en Madrid, me confirmó lo siguiente, en relación a la zona de Pamplona:

Tal y como había apuntado el comandante Sedó, aquel 11 de marzo el viento había tenido dirección Norte-Noroeste. A las siete horas, su velocidad había sido de 11 kilómetros a la hora. A las 13 horas, de 22 kilómetros a la hora, y a las seis de la tarde, de 25 kilómetros a la hora. Si el «encuentro» con la «nube» fantasma se había registrado a partir de las cuatro de esa tarde, resultaba del todo imposible que una nube normal y corriente hubiera podido desplazarse a la zona de Yesa, en Navarra, hacia Logroño, en La Rioja. Entre otras razones, porque el viento soplaba, como ya me había anunciado el piloto de Aviaco, en sentido contrario.

Lo más asombroso es que el gigantesco OVNI no fue captado por el radar militar de Zaragoza. Los militares sólo percibían una «zona de silencio».

Pensando, incluso, en un posible error en la fecha del avistamiento del «ovni-nube» consulté también los vientos que se habían dado en la misma área del aeropuerto navarro en los días inmediatamente anteriores y posteriores al 11 de marzo. Éste fue el resultado:

A las seis de la tarde del 10 de marzo, el viento había llevado dirección N.NW., con una fuerza de 19 kilómetros por hora. A esa misma hora del 12 de marzo, la dirección del viento había sido la misma —Norte-Noroeste— con una intensidad de 25 kilómetros por hora.

Los días 6, 8, 9, 13, 21 y 23 del mismo mes, el viento estuvo en calma.

Esto significa, sencillamente, que ni el 11 de marzo, ni tampoco los días anteriores o posteriores, ofrecieron condiciones meteorológicas propicias para que una nube cualquiera pudiera moverse del Este al Sudoeste, que fue la dirección seguida por la «superfortaleza» volante.

—¿Lo vio el pasaje?

—No lo sé con certeza. Pero no lo creo.

—¿Cómo es posible?

—Porque el tamaño era enorme, y el DC-9 estaba demasiado cerca. Ellos, desde el ojo de buey, sólo podrían apreciar una masa gris. Era diferente contemplarlo desde la cabina.

—Perdona que insista en este punto. ¿Qué palabra utilizarías para intentar definir la «cobertura», si es que se puede calificar así, de la «nube»?

Sedó pensó algunos segundos. Y terminó respondiendo:

—Quizá gas sólido.

—¿Habías visto algo parecido?

—Nunca. Mi segundo piloto y las azafatas, tampoco. ¡Y mira que hemos cruzado entre nubes diferentes!

—Si alguien te dijera que en el interior de ese «camuflaje» podían ocultarse tres OVNIS, tal y como los conocemos, ¿qué pensarías?

El comandante sonrió:

—Mira, yo soy un hombre de mente abierta. Creo que el Universo es lo suficientemente grande como para que vivan otras muchas criaturas.

—Pero, ¿qué pensarías?

—Yo no sé qué era lo que se ocultaba bajo aquella extraña formación. Lo que sí te digo es que estoy convencido de que no era natural. Y que podía servir de protección o camuflaje a otra cosa.

Martín Sedó lleva en la actualidad siete años en la compañía Aviaco, con más de 12.000 horas de vuelo. Ha sido piloto militar, fumigador, y es considerado en la aviación nacional como uno de los profesionales más bravos y fríos a un mismo tiempo. Y bien que lo había demostrado en el «encuentro» con la «superfortaleza» volante.

Lo que yo no sabía mientras entrevistaba al comandante Sedó es que, escasas horas antes de su «tropiezo» con el gigantesco OVNI, el veterano piloto, en una rutinaria escala en Madrid-Barajas, se había tomado poco menos que a guasa el todavía caliente avistamiento de otro objeto volante no identificado por parte de dos compañeros de Aviaco.

¿Ironías del destino? ¿O es que estaba perfectamente «previsto» que Martín Sedó coincidiera aquel mediodía del sábado, 10 de marzo, con los pilotos Miralles y José Antonio Silva?

Pero, a pesar de las lógicas bromas, Sedó, que conoce bien a los mencionados profesionales, se alejó de la mesa donde comían Silva y Miralles con el alma encogida.

Algo —y muy grave— acababa de ocurrir sobre Madrid.

Madrid: un OVNI por dirección prohibida

Tenía gracia.

La última vez que hablé con José Antonio Silva fue en 1974, en el programa de Televisión Española «Semanal Informativo».

En aquella ocasión fue él quien me entrevistó a mí. Yo acababa prácticamente de regresar de Perú y conté a los telespectadores españoles mis experiencias con el polémico IPRI (Instituto Peruano de Relaciones Interplanetarias).[1]

Mi primer «encuentro» con los OVNIS —el 7 de septiembre de aquel año en los arenales de Chilca— provocó un considerable revuelo nacional.

Ahora, cinco años más tarde, volvía a ver a Silva en su casa de Madrid. Y era yo quien le entrevistaba. Y, en el colmo de las paradojas, también a causa de los OVNIS.

José Antonio Silva divide su tiempo —desde hace años— en dos campos que le apasionan por igual: el vuelo y la televisión.

Hoy es uno de los más populares y serios profesionales de la pequeña pantalla en nuestro país.[2]

---

1. La totalidad de estas experiencias y entrevistas con el IPRI las cuenta J. J. Benítez en su libro *OVNIS: S. O. S. a la Humanidad*.
2. José Antonio Silva do Porto nació en Santiago de Compostela el 19 de mayo de 1938. Es químico por las Universidades de Santiago y

Recuerdo que al concluir el programa, en aquel mes de noviembre de 1974, Silva me habló de su gran interés por el asunto OVNI.

—Hasta ahora —me dijo— no he tenido suerte. Jamás he visto uno.

Cinco años después, José Antonio Silva no puede decir ya lo mismo.

Y es que, en el fondo, el destino parece divertirse a costa nuestra.

A pesar de que aquel 21 de abril de 1979 era un día libre en la intensa vida de José Antonio Silva, el piloto de la compañía Aviaco me dedicó buena parte de la mañana.

Sevilla. Instructor de Aeromodelismo y piloto civil en el Aeroclub de Santiago desde 1956.

Fue fundador y ex gerente de Publiavión, S. A., Trabajos Aéreos. Fly Student en la compañía Spantax en 1968. Piloto de Aeroflete en 1970, en vuelos de carga, piloto de Transeuropea en DC-4, DC-7 y Caravelle 10-R y 11-R.

En la actualidad es piloto de la compañía Aviaco —desde 1974— y en Douglas DC-9. Piloto de TVE en avioneta y helicóptero en misiones informativas.

Ha pilotado más de 50 tipos de aviones y suma más de 9.000 horas de vuelo entre aviones, helicópteros y veleros. Fue vencedor de la Vuelta Aérea Galaico-Duriense en 1963. Entre sus principales condecoraciones figuran la Medalla de la Cruz Roja por pilotar el primer avión que tomó tierra en Damasco y El Cairo con medicamentos para los heridos de la guerra árabe-israelí, la medalla al Mérito Aeronáutico y la Cruz de Oficial al Mérito Civil.

Ha sido comentarista de Televisión Española en la Estación Espacial de Robledo de Chavela y Fresnedillas, en todos los vuelos espaciales, habiendo conocido personalmente a numerosos astronautas. Ha presentado, además, entre otros, los siguientes programas de TVE: «A toda plana», «Telediario», «Semanal Informativo», «Crónica de siete días» y «Tribuna de la Historia», habiendo desempeñado igualmente numerosos trabajos como enviado especial por el mundo.

Éste fue su relato, mientras acariciaba a *Marlen*, su perra gran danesa:

—Hacíamos un vuelo de Pamplona a Madrid. Volábamos en un avión DC-9. Antonio Miralles era el comandante y yo iba de segundo. Miralles, como quizá sepas, es uno de los pilotos más competentes de Aviaco. Ha sido capitán del Ejército, inspector e instructor. También volaba con nosotros, entre las azafatas, María Aburto, que, además, es piloto. Y un piloto fuera de serie. Aprobó a la primera en Salamanca. Muy pocos lo han conseguido a la primera.

—¿Iba como azafata?

—Sí. A eso de las 13.30 horas, con un cielo despejado, viento en calma y una visibilidad de 10 kilómetros, nos dirigíamos hacia el VOR de Madrid. En ese punto, una vez autorizados, se desciende a 4.000 pies y comienza la aproximación al aeropuerto de Barajas. En eso, un avión de Iberia que marchaba por delante y que procedía del Sur, llamó a Madrid: «Oiga, Madrid —comunicó el Iberia al control de Paracuellos—, tengo un tráfico a la vista. Está como a nuestra izquierda.» «Sí —respondió Paracuellos—, efectivamente. Tiene usted un tráfico a la vista. Está en pantalla de radar desde hace dos horas. Pero no sabemos qué es. Hemos dado alerta a Torrejón. Al principio creímos que sería un helicóptero. Pero no, ya vemos que no puede ser. Ahora lo tiene usted como a 10 millas y a su izquierda.» El Iberia confirmó estas palabras del control de Paracuellos. «Sí, en efecto. Ahí está.» Y Paracuellos les repitió que se trataba de un «eco primario».

—¿Podía ser una avioneta despistada?

—No, verás. Al oír esto tomé el micrófono y, en plan de guasa, le dije al avión de Iberia: «¡Os veo en el programa del doctor Jiménez del Oso!»

—¿No le molestaba aquel «tráfico» al avión de Iberia?

—No. Total, que pasó ya a control de la torre de Barajas y se dispusieron a tomar tierra, Y cuando estábamos a unas cinco o seis millas de «Charli Papa Lima» —el VOR de Madrid—, llamamos a la azafata y, medio en broma, medio en serio, le comunicamos lo del OVNI. Seguimos bajando y, al llegar a los 4.000 o 5.000 pies, nos llamó control Madrid: «Aviaco, ¿tiene usted otro tráfico a la vista?» La verdad es que el controlador no se atrevía a decir «objeto no identificado». «Ahora debería usted tenerlo a sus "12"», prosiguió control Madrid. A sus «12», como sabes, es de frente. Empezamos a mirar. Madrid aparecía al fondo. Pero no divisábamos el «tráfico». Hasta que, por fin, sobre la misma ciudad de Madrid vimos un brillo. Estaba muy lejos y como difuminado sobre la ciudad. Entonces, Miralles comentó: «¡A ver si es aquello!» Yo incluso le dije que no. Que aquello parecía un destello del suelo. Pero no. ¡Porque aquello se movía y se desplazaba hacia nosotros! ¡Y aumentaba claramente de tamaño!

—¿Cómo era?

—Como un punto de flash. Como esos flash continuos de televisión. Igual. Con un brillo extraordinario y sin forma. Siguió aumentando de tamaño, y entonces nosotros les comunicamos que lo estábamos viendo. Nos autorizaron la aproximación. La verdad es que en ese momento nosotros íbamos más atentos a la maniobra que al OVNI. Viramos y seguimos descendiendo. Y el OVNI se colocó a nuestra izquierda, volando en paralelo con el DC-9. Yo llamé de nuevo a Paracuellos y les dije: «Oiga, que el tráfico va a nuestro lado.» «Sí —respondieron—, marcha paralelo a ustedes.»

—Es decir, que lo seguían captando en el radar del control de Paracuellos.

—Por supuesto.

—¿A qué distancia podía estar de vuestro avión?

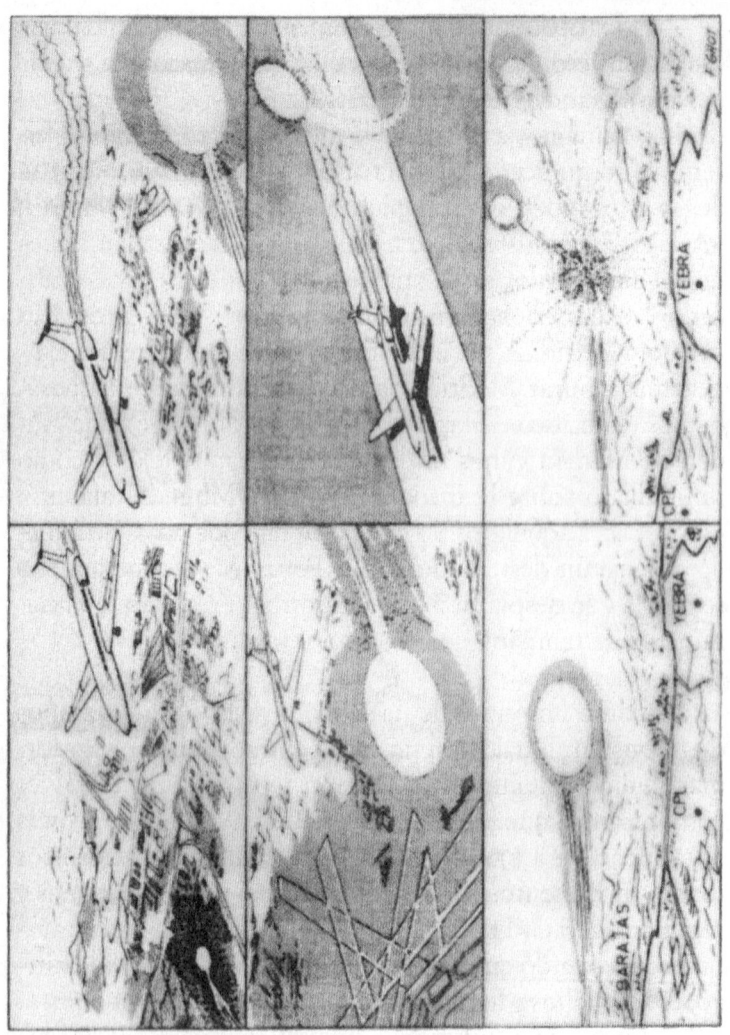

Al aproximarse al aeropuerto internacional de Madrid-Barajas, un objeto ovalado y muy brillante se colocó al costado izquierdo del avión de Miralles y Silva. Al tomar tierra, el OVNI desapareció de la vista de los pilotos. Por último, el objeto —de un tamaño doble al de un avión Jumbo— se dirigió hacia el punto conocido por «Yebra», dividiéndose en otros tres...

—Cerca. Más aquí del Cerro de los Ángeles y muy bajo. Quizá a unos 3.000 pies. La luz seguía siendo muy intensa, y la forma, quizá un poco ovalada.

—¿Y el volumen?

—Mucho mayor que un avión Jumbo.

—¿Se mantuvo a vuestra altura?

—Sí, y como a unas siete millas de distancia.

—¿Hasta dónde os siguió?

—Lo perdimos de vista a causa de los edificios del barrio del aeropuerto. Es decir, que voló junto a nosotros hasta muy baja altura. Quizá seguía la trayectoria de la autopista. Y tomamos tierra.

—¿Cuánto tiempo lo visteis en total?

—Entre cuatro y cinco minutos. Una vez en Barajas nos fuimos a comer y acudió a vernos uno de los controladores de la torre. Nos explicó que aquel dichoso objeto llevaba unas dos horas por allí. Que se aproximaba a los aviones y que les acompañaba en sus maniobras de aterrizaje. Pero eso no fue todo. Después supimos que el OVNI se había situado en la aerovía. Y voló hacia «Charli Papa Lima» y Castejón. Y cuando se encontraba en un punto llamado «Yebra», a 16 millas, se dividió en tres.

—¿En tres objetos?

—En efecto. Permanecieron un tiempo volando por la zona y, poco después, volvieron a unirse. Y el OVNI se alejó a una velocidad descomunal.

—¿Todo eso captado en las pantallas de radar de Paracuellos?

—Todo. El OVNI utilizó materialmente la aerovía, como si fuera un avión. Con una diferencia sustancial, claro...

—¿Cuál?

—Que esa aerovía la usamos para «entrar» en Barajas. Y el OVNI lo hizo al contrario. ¡«Salió» por ella!

Miralles: «Era como un huso»

Meses después, en un vuelo de Madrid a Bilbao, la fortuna volvía a acompañarme. Allí, al mando de aquel DC-9 de Aviaco estaba precisamente el comandante Miralles. Y con el segundo, José Luis Chisbert, como testigo, Antonio fue confirmando cuanto me había relatado Silva.

—Sí, vimos una forma ovalada. Como un huso. Y de un color blanco mate. Curiosamente, y mientras nos acompañaba a nuestras «9», el OVNI fue «acomodándose» a los sucesivos cambios de velocidad del avión. Fíjate que fuimos pasando de unos 240 nudos a 130. Pues el objeto se mantenía siempre a nuestro nivel y velocidad. Una vez en el restaurante del aeropuerto de Barajas, el controlador de Paracuellos se acercó hasta nosotros y nos informó de que el objeto, unos 20 minutos después de nuestra toma de tierra, se había alejado por la aerovía que habíamos utilizado en la aproximación a Madrid, ¡dividiéndose en tres al llegar al llamado punto «Yebra»! ¿Qué avión humano puede hacer semejante cosa?

Tal y como planteaba Miralles, el objeto se había comportado de una forma absolutamente anormal. Ni que decir tiene que en dicha zona —a tan escasos kilómetros de Barajas— el tráfico aéreo es tan denso que ningún avión militar o civil puede permitirse el peligroso lujo de «jugar» con los reactores de pasajeros, acompañándoles en sus delicadas maniobras de aproximación y aterrizaje. A esas horas —a plena luz del día—, cualquier «tráfico» (avioneta, caza o jet de pasajeros) hubiera sido reconocido fácilmente por los pilotos. Pero no fue así. Y la explicación, en mi opinión, es abrumadoramente sencilla: aquel objeto de forma ovalada y de un tamaño posiblemente superior al de un Boeing 747, nada tenía que ver con nuestros aparatos. Aquello, sencillamente, era una nave tripulada ajena a la Tierra.

Pero si el OVNI había permanecido por espacio de dos horas sobre Madrid, ¿por qué no se había registrado la lógica «alerta» militar? Hasta hoy no he podido averiguarlo.

Y mientras Miralles «hacía bajar a la criatura», me puso en antecedentes de otro caso igualmente inexplicable:

—De esto hace ya 13 o 14 años. Volábamos en un Britania, de Inglaterra a Palma. Era un vuelo chárter y recuer-

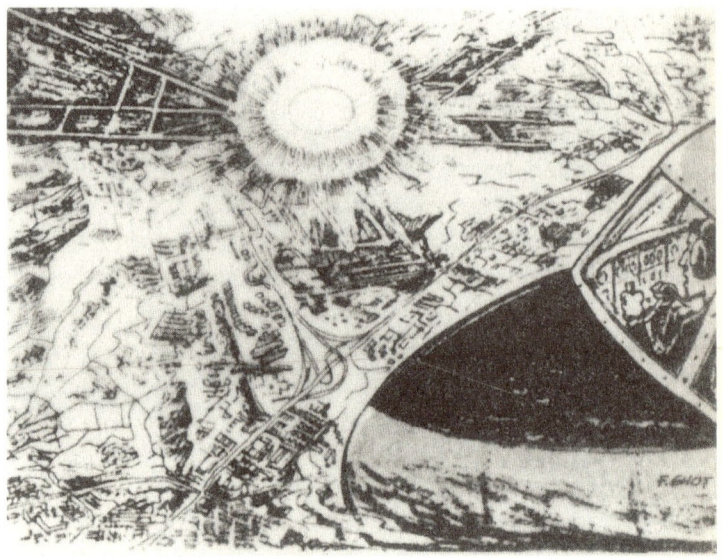

Dos horas permaneció el ovni en las pantallas de radar del Centro de Control de Vuelos de Paracuellos del Jarama, en las proximidades de Madrid-Barajas.

do que iba Salazar como comandante. Yo era entonces segundo piloto. Era noche cerrada, y el tiempo, totalmente despejado. Pues bien, sobre Bagur nos cruzó un objeto de grandes proporciones y de un color anaranjado. Llevaba dirección SO. Fue cuestión de ocho o diez segundos, pero lo vimos todos en cabina. Nos quedamos perplejos. ¡Era redondo! Al consultar a control nos dijeron que el único tráfico conocido era otro avión que volaba de Roma a Madrid, pero que se hallaba muy lejos. Puedo asegurarte que su velocidad era endiablada.

Cuando la «criatura» —el DC-9— peinó la pista de Sondica, no pude evitar un último comentario:

—Por más que lo intento, no acabo de entender cómo lográis hacer bajar a estas «criaturas».

Miralles sonrió plácidamente y, mientras estrechaba mi mano, respondió:

—Ni nosotros tampoco, J. J.

Una «nodriza» sobre el Mediterráneo

A veces me pregunto por qué me sorprendo todavía ante determinadas situaciones. No debería, a estas alturas...

Aquel 11 de julio de 1979 tuvo lugar uno de estos «curiosos» acontecimientos.

Tras haber conducido de un tirón desde Bilbao al pueblo gaditano de Barbate, me encontraba cansado. Pero era preciso continuar. Las investigaciones con los pilotos españoles no estaban concluidas, ni mucho menos.

Aquella misma noche del 11 yo necesitaba llegar a Palma de Mallorca. Allí completaría el segundo bloque del presente trabajo con comandantes de las compañías Spantax, TAE y Transeuropa.

Una vez recogidos algunos recientes avistamientos OVNI en el sur de la Península, mi primera intención fue la de seguir hacia Granada. Mi buen amigo Mariano Carmona Almendros me había puesto en antecedentes de otros no menos interesantes casos, acaecidos en aquella provincia.

Después, forzando la marcha, debería pasar por Alicante, donde otro entrañable colega, Luis Giménez Marhuenda, había sido protagonista de un excepcional avistamiento.

Y suponiendo que mi viejo 124 no reventara por agotamiento en mitad de la carretera, hacia las doce de la noche despegaría del aeropuerto valenciano, rumbo a Baleares.

Pero todo se complicó.

Uno de los sucesos OVNI, ocurrido en aguas del estrecho de Gibraltar, revestía una importancia mayor de lo que yo había supuesto. Y todos mis planes se vinieron abajo.

A primera hora de la tarde del miércoles, 11 de julio, yo seguía en la provincia de Cádiz, con el billete del avión Valencia-Palma de Mallorca en el bolsillo.

Sólo quedaba una posibilidad. Y me dirigí al aeropuerto de San Pablo, en Sevilla.

Supongo que, milagrosamente, lograron incorporarme al vuelo de Spantax que llegaba de Canarias y que —«casualmente»— se dirigía a Palma.

Una vez en el Convair Coronado respiré tan profundamente, que una de las azafatas se volvió hacia mí, preguntándome si necesitaba algo.

—Sí —le dije, mientras luchaba con la bolsa de las cámaras, tratando de acomodarla entre mis piernas—, un whisky doble.

Al despegar revisé la agenda de trabajo.

Uno de los comandantes a quien yo debía ver en Baleares —precisamente de la misma compañía que ahora me trasladaba a Palma— era Pedrito Montero.

Este piloto, según mis informaciones, había sido testigo de lo que los investigadores llamamos un OVNI «nodriza».

Y siguiendo un primer impulso, me dirigí a una de las azafatas:

—¿Puede decirme quién es el comandante?

—¿No lo ha oído por la megafonía?

—No, claro. De lo contrario no se lo preguntaría.

—Es el comandante Pedro Montero.

Una sacudida me recorrió de pies a cabeza.

—¿Le conoce? —me preguntó la azafata.

—Sí. Mejor dicho, no. ¿Podría pasarle una tarjeta mía? Es que yo me dedico a investigar casos OVNI y querría hablar con él.

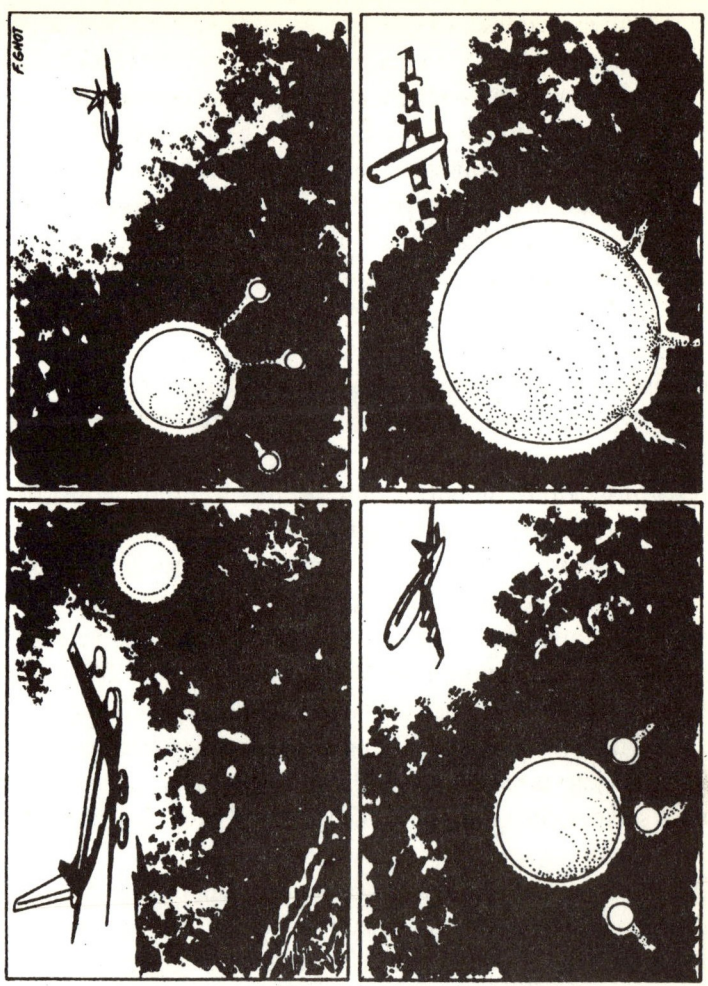

Posiblemente, el OVNI *visto por el comandante Montero sobre el Medi-terráneo era una nave «nodriza». De él entraban y salían otros objetos más pequeños.*

La guapa azafata me miró un tanto perpleja. Pero accedió gentilmente.

Minutos después regresaba hasta mi asiento y me invitaba a pasar a cabina.

De esta forma conocí al comandante Montero, un piloto de cuarenta y ocho años, con más de 22.000 horas de vuelo.

Mientras cruzábamos la Península, en mitad de un cielo que enrojecía por momentos, Pedro me contó lo sucedido cuando realizaba un vuelo entre Marsella y Palma. Fueron testigos de la entrevista el segundo piloto, Antonio Tugores, y el mecánico de vuelo, Jesús Baos.

—No estoy seguro si fue en 1977 o 1978. Pero podemos mirarlo. Regresaba con pasaje y debía estar a unas 90 millas de la costa de Mallorca. En ese momento escuché a otros aviones —cuatro o cinco— que hablaban de unas luces extrañas. Todos volábamos en la misma zona. Sobre el Mediterráneo. Y, en efecto, cuando me encontraba al sur de Niza, vi una luz muy rara. Estaba a las «tres y media» de mi posición y algo más bajo. Si yo volaba entonces a 33.000 pies, «aquello» se veía como a unos 25.000. Permanecía inmóvil. Me fijé mejor y vi que se trataba de varias luces rojas que daban al objeto una forma circular. Estaban fijas. De aquellas luces salían otras (también rojas), que subían y bajaban. No estoy seguro, pero creo que vimos otras de color blanco. Descendían como en «abanico» hasta la superficie del mar. Y después ascendían a la misma velocidad. Era una velocidad rápida: parecida a la de los jet. Entraban y salían del objeto a un mismo tiempo. Preguntamos a control Barcelona si los detectaba, pero nos respondieron negativamente. Yo calculo que, dada la respetable distancia a que se encontraba de nosotros, el OVNI tenía que ser mucho más grande que un Jumbo. Al cabo de diez minutos iniciamos el descenso hacia Palma y lo dejamos de ver.

Al preguntarle a Pedro Montero qué creía él que podía ser aquello, me contestó:

—Un OVNI. Lo que tradicionalmente se conoce como un «objeto volador no identificado».

—¿Algo terrestre?

—No lo creo. No hay avión o helicóptero que tenga semejantes características.

Un peligroso viento «en cizalladura» nos dio la «bienvenida» en el aeropuerto de Palma. Y Montero, sin inmutarse, haciendo gala de unos nervios de acero, permitió que el joven segundo se enfrentara a aquellas turbulencias.

Fue entonces cuando verdaderamente eché de menos un whisky doble.

A partir de aquel encuentro con el comandante de Spantax, todo fue mucho más cómodo para mí. En los días sucesivos, tanto Pedro como Marisa Sabaté —otra gentil azafata de la misma compañía— me proporcionaron su más desinteresada ayuda. Y gracias a ellos pude duplicar el número de entrevistas programadas.

Un «petrolero» a 30.000 pies de altura

En esta nueva búsqueda de pilotos testigos de OVNIS, encontré un caso que guarda cierta semejanza con el de Montero.

Lo protagonizaron, entre otros, los comandantes Fortunato Lazarán Olmo, de la compañía TAE, y Camps y Delachica, de Spantax.

Todos ellos con más de 10.000 horas de vuelo en su haber.

Fue igualmente sobre las aguas del Mediterráneo. Y también en plena noche.

—Los dos aviones —reconstruyó Lazarán— se dirigían a Palma, siguiendo la ruta de Marsella. En este momento no puedo recordar la fecha exacta.

—¿Y qué sucedió?

—Camps marchaba delante. Como a unas 70 millas. Yo les escuché hablar de un «objeto volador no identificado» que estaban viendo. «¡Está a nuestra izquierda —decía el Spantax— y como entre 50 y 200 millas de distancia!» Miré en aquella dirección y vi una enorme bola luminosa, de una tonalidad violácea fuerte. Se mantenía a nuestro nivel y aumentaba de intensidad luminosa. Creo que habíamos hecho unas 40 millas desde Marsella. Aquel objeto debía de estar entre las islas de Córcega y Menorca. Pero lo que más nos extrañó a todos fue su volumen. ¡Era mucho más grande que un petrolero! Apagué las luces del avión a fin de apreciarlo mejor y, en efecto, me ratifiqué en mi primera idea: si aquel objeto hubiera sido un petrolero ardiendo, su tamaño, a esa distancia, no habría alcanzado semejantes proporciones.

—Pero el OVNI estaba en el aire.

—Sí. A nuestra altura, que debía de ser unos 30.000 pies. Llamé a control Barcelona, pero no lo tenían en pantalla. Pedí entonces permiso para desviarme y me lo concedieron. Y seguimos viendo aquella esfera, totalmente inmóvil y brillante, durante otras 100 millas más. De pronto, y por debajo de la gran bola, aparecieron otras tres esferas más pequeñas y del mismo color violáceo. Estuvieron allí unos 30 segundos, y a continuación se elevaron hasta fundirse con la esfera grande. En ese momento aumentó la intensidad de la luz...

—¿Al ingresar en la «nodriza»?

—Sí, justamente. Acto seguido, el conjunto desapareció de nuestra vista.

—¿Se alejó?

—No. Creo que se apagó o, simplemente, desapareció. No sabría explicarme cómo.

—¿Qué tamaño aparente podía tener aquella esfera?

—Sin duda, más grande que la luna llena.

Para cualquier investigador medianamente avezado, tanto el caso de Pedro Montero como el de Lazarán y Camps, encajan en lo que en Ufología denominamos «naves madres o nodrizas». Este tipo de OVNIS tienen generalmente grandes dimensiones y parecen servir como portadoras de los más pequeños, también calificados como «de exploración».

Han sido vistos en multitud de ocasiones, fijos a grandes alturas, mientras otras naves minúsculas entran y salen de los mismos.

Las formas más comunes de estas «nodrizas» o «portadoras» —a juzgar por los miles de testimonios recogidos en todo el planeta— son precisamente la de esfera, como la descrita por los comandantes; la de gran «cigarro puro» o cilindro y la de «delta».

Es extraño que se aproximen a tierra. Casi siempre han sido detectadas u observadas a considerables alturas. Este comportamiento entra dentro de la «lógica». Si esas naves monstruosas —algunas veces de tres y cuatro kilómetros de diámetro o longitud— se aproximaran a núcleos urbanos, las consecuencias podrían ser desastrosas. Amén del pánico colectivo que infundirían, estos objetos desarrollan sin duda formidables campos magnéticos y electromagnéticos, que quizá perturbasen nuestros suministros eléctricos, sistemas colectivos de transporte, vehículos, etc.

Si, además, parece más que demostrado que no desean un contacto directo y abierto con nuestra civilización, es «lógico» —suponiendo que su lógica tenga algún parecido con la nuestra— que se mantengan a prudenciales niveles y prácticamente ocultas.

Cuando deciden explorar o investigar sobre nuestros campos, ciudades o instalaciones militares, utilizan otro tipo de vehículos mucho más reducidos. Son los típicos OVNIS que se ven —a cientos de miles— desde hace siglos. OVNIS discoidales, esféricos, ovalados, etc., que han sido vistos, tanto en solitario como en escuadrillas.

Tal y como ocurrió el 8 de julio de 1979 con otro gran profesional del aire: el comandante J. Antonio Sierra San Jorge, de la compañía TAE.

El saludo a una escuadrilla OVNI

Tiene un gran mérito, pienso yo, que un antiguo piloto de combate reconozca que ha sentido miedo.

Esto fue lo que, con toda sinceridad, me expuso el hoy comandante Sierra, con una experiencia de 10.000 horas de vuelo.

La entrevista transcurrió en su chalé, a corta distancia de la ciudad de Palma.

El suceso se mantenía todavía caliente en su ánimo. El «encuentro» con la escuadrilla OVNI había tenido lugar el domingo, 8 de julio. Por tanto, hacía una semana escasa.

Y en presencia de mi buen amigo, el también comandante Pedrito Montero, entramos en materia:

—Eran las dos de la madrugada. Hacíamos un vuelo entre Dublín y Las Palmas, vía Santiago de Compostela y Porto Santo, en Madeira. Al llegar al punto que denominamos «Veram», a unas 250 millas de Porto Santo, escuchamos a un avión de la compañía portuguesa TAP. Tenía unas luces a su izquierda. Tanto Vadell, el segundo piloto, como Roca, el mecánico, y yo, miramos en la dirección indicada por el TAP. Volábamos casi en paralelo y en la misma ruta. Y allí estaban: ¡ocho luces en formación!

—¿En una sola escuadrilla?

—No, en dos. Iban en sendos grupos de cuatro. Eran luces blancas, tirando a un naranja amarillento. Las teníamos a las «9» de nuestra posición. A veces aumentaban la intensidad luminosa y daban la sensación de ser una sola y potente luz. Volaban sobre el mar y a un nivel inferior al nuestro, que era de unos 37.000 pies. Cuando llevábamos diez minutos observándoles se nos ocurrió hacer señales con las luces de los planos del DC-8. A los 30 o 40 «guiños» de luz, una de las escuadrillas, porque la otra había desaparecido, empezó a acercarse. Nos dio miedo. Y Roca me pidió que no hiciéramos más cambios de luces. Y así lo hicimos. Entonces, la escuadrilla de cuatro luces dejó de aproximarse al avión y descendieron hacia el Atlántico. ¡Era formidable! A su paso, la superficie del mar se iluminaba.

»A veces se detenían sobre el océano. En otros momentos volaban detrás de nosotros.

—¿Cuánto tiempo los tuvisteis a la vista?

—Unos 40 minutos. Al llegar a unas 100 millas de Porto Santo, los dejamos de ver.

—¿A qué velocidad se movían?

—Más o menos, a la misma que nuestro avión: a unas ocho millas por minuto. Al principio pusimos el radar y los «veíamos» a unas 50 millas. Hubo un momento en que se colocaron a las «8» de nuestra posición (por detrás) y aumentó el volumen de la luz. Después se alejaron otra vez.

—¿Por qué os dio miedo?

El comandante Sierra se encogió de hombros.

—Mira, en esos momentos no se sabe... Las dos formaciones iban tripuladas. Eso era evidente. Pero no eran aviones. ¡Y estaba aquella luz que iluminaba el mar! Nos dio cierto miedo porque todos tuvimos conciencia de que nos enfrentábamos a algo desconocido. Superior. Y en ese momento no podíamos valorar sus intenciones.

—¿Podían ser artefactos de nuestro mundo?

—No lo sé. Lo dudo.

Pienso, como ya he comentado en otras oportunidades,

que este miedo que siente la mayor parte de los testigos OVNI está plena y absolutamente justificado.

El hombre que se enfrenta de pronto e inesperadamente con una o varias de estas naves, es presa de un doble proceso.

Por un lado, el testigo —salvo excepciones— sufre las reacciones propias de quien tropieza con algo desconocido, insospechado y ni remotamente imaginado. Salvando las distancias, el terror que pueden experimentar esas personas tendría cierta similitud con el que quizá pudiera provocar en cualquiera de nosotros la repentina presencia de un dinosaurio al volver la esquina de nuestra casa.

En el caso OVNI, con el agravante de que el objeto no puede ser identificado con la misma rapidez o facilidad que el monstruo antediluviano.

Y por si esto fuera poco, hay que añadir un segundo factor: en décimas de segundo, el testigo se percata de la demoledora superioridad de lo que tiene ante los ojos.

Su miedo aumenta puesto que nadie, en esas condiciones, está en disposición de llevar a cabo una disección fría y objetiva de la posible bondad o agresividad del OVNI o de los que evidentemente lo tripulan.

Si, para colmo, la persona es consciente de que la nave que se le está aproximando o que le persigue es un ingenio extraterrestre, su pánico puede remontar las cotas más altas.

Y aunque, insisto, hay excepciones, lo normal es que cualquier testigo —tenga el nivel cultural que tenga— termina siempre por huir, víctima de un fuerte shock.

¿Qué hacer cuando no se puede huir y un gigantesco OVNI se aproxima al testigo? Y, sobre todo, ¿qué hacer cuando ese testigo es el comandante de un reactor de pasajeros?

Éste fue el caso de un piloto de la compañía brasileña Varig, cuando cruzaba el espacio aéreo español.

Un segundo avión —de la compañía Aviaco— fue testigo de excepción de cuanto pasó aquella noche en los cielos de España.

Una «casa» de cinco pisos... que vuela

La noticia del caso del avión de Varig y del de Aviaco que volaba inmediatamente detrás llegó hasta mí a finales de 1976. En 1978, los controladores aéreos de Sevilla, que tomaron parte en el hecho, accedieron a mi petición y pudimos filmar un programa para Televisión Española. En él, José Galindo Moya —que se encontraba aquella madrugada de servicio en control Sevilla— y otros profesionales del mismo centro, expusieron éste y otros hechos directamente relacionados con «objetos volantes no identificados».

Poco tiempo después de la grabación del programa, emitido en el espacio «Más allá», del doctor Jiménez del Oso, y ocupado ya de lleno en la búsqueda de pilotos que hubieran visto OVNIS, concerté una entrevista con el comandante Prieto, que aquella noche pilotaba el Aviaco 225, de Madrid a Sevilla.

En estos momentos sigo tras la pista del comandante brasileño.

Saturnino Rodríguez Prieto, de cuarenta años, casado, tres hijos y dieciséis años como profesional, con 11.000 horas de vuelo, tuvo la amabilidad de recogerme en el aeropuerto de Madrid. Poco después, y en un céntrico hotel de la capital, me detalló así su experiencia:

—Estábamos haciendo un vuelo nocturno a Sevilla y Málaga. Y nos dispusimos para el despegue. Yo volaba un DC-9. Delante de nosotros rodaba el 707 de la Varig. Iba

213

muy cargado y marchaba pesadamente. Creo que se trataba del vuelo RG-753.

—¿Todo esto en Madrid?

—Sí, en Barajas. De allí marchábamos a Sevilla. El Varig, como sabes, hacía un vuelo transatlántico; el aeropuerto brasileño de Galeao. Llamé a la torre y le pregunté si podía despegar antes que el Varig. «Negativo —contestó—, espere usted.» Y esperamos. La torre nos dio tres o cuatro minutos de demora. Y hacia las dos y media de la madrugada salimos al aire. Como puede imaginar, íbamos pendientes del Varig.

—¿Por qué?

—Porque veíamos que la separación con aquel avión era cada vez menor. Estaríamos a unas ocho millas, que no es una separación reglamentaria. Se lo advertimos a la torre y ésta nos dijo que ya lo había apreciado, que teníamos razón. Entonces Madrid me dijo que mantuviera un nivel inferior y que ellos me irían dando niveles libres de Varig. Y nos fuimos manteniendo a 21.000 o 23.000 pies. Precisamente para no coincidir con el avión brasileño, que iba ascendiendo, y precisamente en nuestra misma ruta, hasta Hinojosa del Duque. Si el Varig subía a razón de 700 pies por minuto, nosotros lo hacíamos a 1.500 o 2.000. Es decir, que la proporción era absurda. Total, que seguimos manteniendo la distancia y el nivel. Hasta que el segundo piloto —Elías Moro— me dijo: «Mira. Ahora lo veo ahí delante.» Me extrañó. Y le comenté a Elías: «¿Cómo que lo ves ahí delante?» «Sí —me respondió—, viene para acá.»

—¿Cuánto tiempo llevabais de vuelo?

—Como mucho, unos 15 minutos. Nos faltaba poco para alcanzar Hinojosa. Entonces fue cuando mi segundo hizo aquella observación. Vimos primero una luz. Perfectamente redonda. Era como un fanal, que crecía por segundos. Y en la parte de atrás, como unas ventanitas. Ésa fue nuestra primera impresión, al verlo todavía lejos. En otras palabras, como si aquello tuviera forma de huso o cilindro, con ventanas en el centro. Pero al tenerlo más cerca, vimos que no era así. Aquel foco de luz que el supuesto cilindro llevaba en el morro no era sino un gigantesco objeto de forma lenticular.

Le rogué al comandante Prieto que me hiciera algunos esquemas. Y, efectivamente, el piloto dibujó un OVNI típico, con la conocida forma de lenteja.

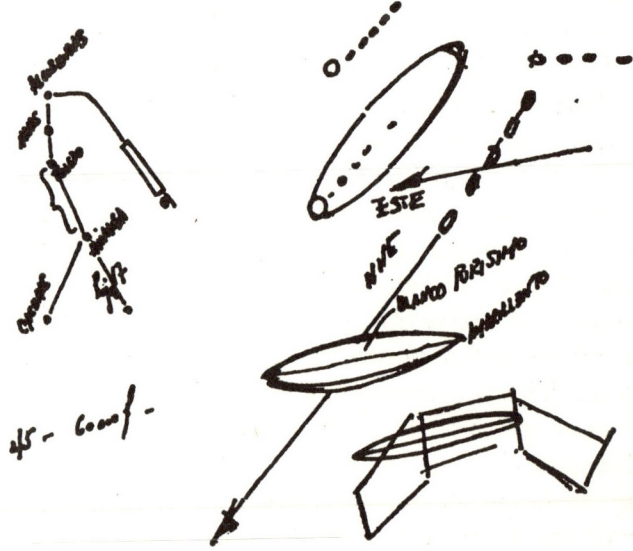

En el cuaderno de notas de J. J. Benítez, el comandante Saturnino R. Prieto trazó los presentes esquemas y dibujos. Arriba, a la izquierda la ruta seguida por los dos aviones: el Varig brasileño y el Aviaco. A la derecha, el gigantesco OVNI, al que seguían otros objetos más pequeños y que, en un primer momento, la tripulación del avión de Aviaco confundió con «las ventanillas» del OVNI en forma de lenteja. En la parte inferior derecha, el tamaño del OVNI en relación con las ventanas de la cabina del reactor de la compañía española Aviaco.

—Tenía una luz blanca purísima. Era como dos lentes convexas unidas y perfectas. La línea o parte central era de un gris-amarillento poco definido. Quizá más amarillento que gris.

—¿Y las «ventanitas»?

—Lo que a nosotros nos parecieron ventanitas eran otros objetos, más pequeños, que se movían siguiendo al grande y en dirección NNE. Había cinco o seis y desprendían... no sé cómo explicarte... ¿Quizá como cuando tú quemas algún plástico y se desprenden esos pegotes encendidos? Algo así, pero con un brillo enorme. Como cuando se funde algo metálico a una elevada temperatura.

—¿Ocurría lo mismo con el grande?

—No, sólo con los pequeños.

—Pero, disculpa, Nino. Me decías antes que el segundo piloto te advirtió de una luz...

—Sí, era eso. Cuando lo vimos, creímos que podía tratarse de un avión. Quizá el Varig, y le hicimos señales con las luces.

—¿A qué nivel volaban?

—Imposible. No puedo saberlo. Eso depende del tamaño de los objetos. Si eran muy grandes, entonces tenían que volar muy altos. Lo único que te puedo decir es que, independientemente de su volumen y altura, nosotros lo vimos de un tamaño igual o mayor que el de un avión Jumbo.

—Es decir, que podía ser gigantesco.

—Por supuesto. Cuando lo tuvimos más cerca, casi en nuestro cenit, ocupaba unos dos tercios de la totalidad del parabrisas del DC-9.

—¿Pasó muy por encima vuestro?

—No. Como mucho, a 10.000 pies.

—Por cierto, ¿se produjo alguna respuesta a vuestros cambios de luces?

—No. El objeto que iba en cabeza mantuvo la misma intensidad luminosa. Lo único que vimos fue cómo los objetos o naves más pequeñas cambiaron de rumbo y se dirigieron hacia el Este.

—¿Qué color tenían las naves que marchaban detrás?

—Igual que ese amarillo grisáceo del centro de la nave grande. Llamé entonces a control Madrid y le pregunté si tenía un tráfico por esa ruta. «Negativo —contestó—. Será un OVNI.»

Según los pilotos, testigos del encuentro OVNI, éste era mucho mayor que un avión Jumbo. (Estos aparatos alcanzan 98 metros de longitud.) El formidable y brillante objeto llevaba una «escolta» de OVNIS más pequeños. Al menos —según los testigos— cuatro a cada lado.

—¿Eso dijo?

—Sí, pero en plan de burla. Como queriéndome decir: «¿Cómo me pregunta usted eso si sabe que ésa es una aerovía de "bajada"?» Fue en ese momento cuando el Varig y un Iberia que se dirigía a Río le respondieron: «Oiga, pues debe de ser un OVNI, porque nosotros también lo hemos visto.»

—¿Observasteis simultáneamente al Varig y a los OVNIS?

—No. Cuando dejamos de ver al Varig, porque lo sacaron de la aerovía, empezamos a contemplar aquellas luces. Por eso Elías creyó que era el avión brasileño. Al tomar tierra en Sevilla, el guarda jurado del aeropuerto me comentó:

»—¡Vaya susto que nos ha dado!

»—¿Por qué? —le pregunté, intrigado.

»—Sí, es que ha pasado un avión por aquí y he dicho: «Enciendan las luces, que Aviaco se ha adelantado.»

»Y el guarda prosiguió:

»—Pero a mí me extrañó porque no metía ruido...

»Naturalmente, los del aeropuerto le dijeron que estaba loco. Que todavía faltaban 20 o 30 minutos para que llegásemos. Yo entonces insistí al guarda jurado:

»—Pero ¿qué fue lo que vio usted?

»—Pues un avión redondo. Blanco. Pasó por aquí. Y llevaba otros detrás. El grande se fue para allá, y los pequeños, en aquella otra dirección.

»Justamente era hacia el Este: hacia donde nosotros habíamos visto desviarse a los cinco o seis OVNIS que volaban en formación.

—Eso quiere decir que fue sobre la vertical del aeropuerto sevillano donde se produjo la separación...

—Claro. Cuando el grande pasó por encima de nosotros, ya iba solo.

—¿Observasteis algún detalle en la nave «nodriza»?

—La «panza» era estriada. Como una chapa de uralita, pero brillante. Total, que nos fuimos a tomar un café en San Pablo y allí nos comunicó la torre que, poco después de nuestro aterrizaje en Sevilla, el OVNI había sido visto en Lisboa por un avión de la TAP, que despegaba. Y ya en el avión, la torre nos informó igualmente de que, unos 40

218

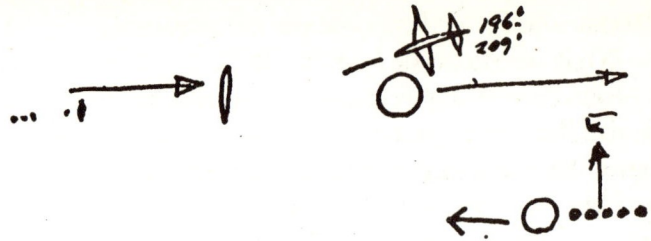

Otro dibujo hecho por el comandante del vuelo 225 de Aviaco. El reactor llevaba rumbo 196° o 209°. El OVNI marchaba en dirección contraria. En un momento determinado, los objetos más pequeños abandonan la formación y se dirigen hacia el Este.

minutos antes de nuestro «encuentro» en el cielo, aquellos objetos estaban sobre Canarias y que habían sido detectados por otro avión de la compañía Sudáfrica.

—¿Los vio el pasaje?

—No. Sólo una azafata que entró en ese momento en cabina.

Se quedó con la boca abierta.

—¿Qué fue lo que más te impresionó?

—El tamaño. Aquella primera nave tenía que ser descomunal.

—¿Y cómo era su vuelo?

—Horizontal y perfectamente estable.

—Recuerdo que el Varig comentó que aquel OVNI tenía la altura de una casa de cinco pisos...

—Sí, podría ser. Ten en cuenta que yo volaba más bajo. Luego el Varig tuvo que encontrárselo casi de narices. Preguntamos a Madrid si lo habían tenido en el radar. Pero estaba fuera de servicio. Entonces se consultó a Zaragoza y nos dijeron que no lo registraban. Esto quería decir que, si la cobertura del radar es de 45.000 a 60.000 pies y aquel

OVNI volaba por encima de dicho nivel, ¿cuál era entonces su tamaño real? ¡Tenía que ser monstruoso!

—¿Y la velocidad de los OVNIS?

—Igualmente increíble. Pudimos verlos entre uno y dos minutos. Pues bien, en ese tiempo recorrieron una distancia enorme. Ya te digo que cuarenta minutos antes los observaron sobre Canarias, y unos 15 o 20 minutos después de nuestro cruce sobre Hinojosa estaban en Lisboa, después de haber orbitado previamente el VOR de Cáceres.

»Si nosotros abarcamos con la visión unas 150 millas, aquel chisme las cubrió en dos minutos, como mucho. Eso representa una velocidad aproximada de 4.000 millas por hora. ¡Una salvajada!

—¿Qué diferencia de volumen había entre la grande y las naves pequeñas?

—Si a la «nodriza» le diéramos un valor diez, las que le seguían podían tener un dos. Incluso menos.

—Creo que la noche era buena, ¿no?

—Excelente. Y con una luna preciosa.

—¿Habías visto algo parecido?

—Jamás. Y puedo asegurarte que merece la pena.

—Entonces, ¿crees en los OVNIS?

Nino me miró con asombro.

—Pero ¡hombre! Si los he visto.

Y yo sigo preguntándome:

Después de escuchar testimonios como éstos —de profesionales de la aviación—, ¿quién puede seguir dudando?

¿Quién pone en tela de juicio la existencia de los OVNIS?

A veces, cuando uno va reuniendo tantas pruebas, el ánimo desmaya ante la insensatez de los hipercríticos y la falta de información de buena parte de los que niegan el fenómeno.

Pero —dicen— la vida es así...

«Viene hacia mí una nave de gran tamaño»

Meses después de mi entrevista con el comandante del vuelo 225 de Aviaco, Nino Prieto, y aunque, como digo, sigo tras la pista del piloto del avión brasileño, llegó hasta mis manos el texto íntegro de la conversación sostenida aquella madrugada entre control Sevilla y el reactor de la compañía Varig.

He aquí la conversación en cuestión, en auténtica primicia:

3.10 horas

RG753
Boeing 707,
   brasileña
     VARIG.................. Control Sevilla, sobre Hinojosa del Duque Nivel 310. ¿Tienen ustedes algún avión en dirección contraria?

3.13 horas

Control Sevilla.......... Ninguno. Sólo un DC9, de Madrid para Sevilla, pero está a seis minutos detrás de usted, a nivel 250.

3.14 horas

RG753 (VARIG)....... Sevilla. Le informo que viene hacia mí una aeronave de gran tamaño y a enorme velo-

221

cidad, que lo mismo puede estar a 31.000 que a 41.000 pies. No puedo comprobarlo.

3.15 horas

AO-225 (Aviaco) ...... Sevilla. Ratifico todo lo dicho por el comandante del RG. A mí también me ha cruzado y, desde luego, no era un avión por su gran tamaño, velocidad y los destellos rojos que emitía.

3.16 horas

Control Sevilla .... Pues tiene que ser un objeto no identificado. Ahora aviso a Defensa Aérea, por si ellos pueden verlo en pantalla.

RG-753 .... Podría haber sido un asteroide, pero no lo creo, porque su vuelo era horizontal y parecía dirigido.

3.17 horas

AO-225 .... Seguro que no era un asteroide. Era una nave enorme.

3.20 horas

Control Sevilla .... (Una vez dadas las instrucciones propias del control y repuesto de la sorpresa, llamamos a control Madrid para avisarle que entraba en su espacio aéreo un OVNI y, entonces, Madrid contesta que, en ese mismo momento, dos aviones que volaban por la aerovía G-7, entre Madrid y Lisboa, les habían notificado haberlo visto sobre

Cáceres y no en vuelo recto, sino haciendo
círculos sobre la ciudad.)

3.21 horas

Control Sevilla.......... (Llamamos a control Lisboa y le preguntamos si saben el asunto. Nos informan que
SÍ, pues el controlador del aeropuerto de
Lisboa lo había visto y había sido informa-
do por el piloto de un B-707 de la TAP,
que lo vio en el momento de despegar con
rumbo a España.)

3.22 horas

Control Sevilla.......... (Salgo fuera para preguntar al guarda que
vigila el recinto, y antes de decirle nada
responde: «Ya sé a lo que viene. Los he visto pasar sobre las antenas a gran velocidad. Hacia Carmona [Norte]. Tal vez eran
más, pero los árboles los tapaban. Eran
cuatro objetos, de color rojo, y no hacían
ningún ruido.)

3.25 horas

Control Sevilla.......... (Llamé a Iberia-Aeropuerto para hablar
con el piloto del AO-225, que ya había ate-
rrizado en San Pablo. Éste me amplió que
detrás de la gran aeronave llegó a contar
hasta ocho pequeñas naves que la escolta-
ban. Todas iguales y destellando un rojo
brillante. El personal de aparcamiento y
pistas lo vieron sobre el aeropuerto de antes.)

Otros muchos testigos —tanto desde tierra como desde el mar— observaron también el paso de esta nave «nodriza» y de la «escolta» que la seguía. Porque, a la vista de las declaraciones, de esto se trataba: una inmensa nave portadora y otros OVNIS más pequeños o de «exploración», que llevaron a cabo una audaz incursión por los cielos de Canarias y de la península Ibérica.

Con los reyes, a América

Y llegó noviembre de 1978. El mes anunciado para el viaje de Sus Majestades los reyes de España a México, Perú y Argentina.

Aquel deseo de don Juan Carlos y doña Sofía de que pudiera acompañarles por tierras americanas, expresado en China por los monarcas al director de mi periódico, me había llenado de alegría. Era un honor que me compensaba sobradamente de tantas amarguras.

Pero el destino parecía divertirse a mi costa.

Días antes de la partida, el director del periódico me comunicó que no podía viajar. Al parecer, dificultades económicas y profesionales le obligaban a adoptar esta decisión.

Hice todos los intentos y presiones imaginables. Incluso recurrí a la posibilidad de tomar mis vacaciones del año siguiente, costeando yo mismo la totalidad de los gastos del periplo. Fue inútil. Una tras otra, todas mis proposiciones fueron rechazadas.

Nadie puede sospechar hasta qué extremo llegó mi tristeza.

Pero el destino seguía divirtiéndose.

Y unas 48 horas antes de la salida del primer avión, con los periodistas, una llamada del palacio de la Zarzuela al director de *La Gaceta del Norte* hizo variar el rumbo de los acontecimientos.

Y a la carrera, precipitadamente, casi sin poder entender lo que sucedía, me vi en el aeropuerto de Barajas, a bordo de un Jumbo de Iberia, entre funcionarios de la Oficina de Información Diplomática y una treintena de periodistas de la prensa, radio y televisión, que se disponían a cubrir informativamente un apasionante viaje.

Algunos de los colegas eran viejos amigos. A otros pude conocerles a fondo a lo largo de aquellos diecisiete días. Y hoy me une a ellos una amistad que dudo «descarrile», ni en ésta ni en futuras vidas.

A pesar de mi congénita timidez, a los pocos minutos de vuelo mi corazón se había inflamado con las bromas y el esclarecido y general buen humor de la muchachada.

Allí estreché por primera vez la mano de Alberto Schommer, el ínclito maestro de la fotografía. Más que maestro, mago de la imagen.

Y la de Pilar Cernuda, los ojos verdes más cálidos de la expedición.

Y la de Ignacio Gabilondo —La «VOZ»—, de quien tenía amplias referencias respecto a su humanidad, casi cósmica.

Y la de Anita Zunzarren, otra periodista a quien la trepidante ciudad no ha dañado su aura blanca y luminosa, reveladora de la eterna niña que lleva dentro.

Y la de Jaime Peñafiel, incansable buscador del oro de la verdad. Aparentemente de vuelta de todo.

Y la de Gianni Ferrari, parco en palabras, pero de corazón dispuesto. Un «faro» que iluminó muchas de mis negras singladuras. Y las de Ramón Rato, y Pepe Oneto, y Pilar Narvión, y tantos otros.

Allí, mientras cruzábamos el Atlántico, Ignacio Gabilondo, director de «Hora 25», el popular programa de la Cadena SER, y Pilar Cernuda, de COLPISA, me ratificaron cuanto me habían relatado meses antes los pilotos y demás testigos del OVNI que salió al paso del avión de Aviaco, en el vuelo a Pekín.

Ellos también fueron testigos del paso del luminoso «objeto volante no identificado».

Y como ellos, otros periodistas que también hacían este mismo viaje a México.

Como era mi costumbre, a mitad de trayecto solicité permiso para hablar con los pilotos.

Indalecio Rego, comandante del Jumbo, y el resto de la tripulación me recibieron encantados en cabina.

La verdad es que resulta tranquilizador volar con el piloto que ostenta el récord del mundo en horas de vuelo: 40.000.

Rego, que además de comandante de Iberia es licenciado en Derecho, Ciencias Políticas y Ciencias Económicas y miembro del cuadro directivo del Instituto Iberoamericano de Derecho Aeronáutico y del Espacio y de la Aviación Comercial, había hecho hasta ese mes de noviembre de 1978 la friolera de 18 millones de kilómetros y más de 2.000 travesías del océano Atlántico.

—Y, sin embargo —me insinuó un tanto decepcionado—, ya ve usted: jamás he logrado ver un OVNI.

—No puedo creerlo. Y usted, ¿qué piensa de este asunto?

—¿De los OVNIS? Conozco a otros muchos compañeros que aseguran haberlos visto. ¡Cómo no voy a creerles! Además, Dios Nuestro Señor ha tenido que poner otras muchas criaturas en ese cielo...

Ángel Álvarez, la voz de terciopelo de Radio Nacional, que formaba parte de la tripulación de aquel Jumbo, intervino y comentó que él sí los había visto.

A lo largo de la charla con los pilotos no pude desviar

mi atención de los mandos y de aquellas tres computadoras que —según me explicaron— eran las que verdaderamente «conducían» al gran pájaro.

—Nosotros nos limitamos a supervisar. Somos como «vigilantes».

En efecto, dos de los pilotos, papel en mano, comprobaban los dígitos luminosos de los cerebros electrónicos.

—Todo está programado —continuaron—. Al llegar a determinados puntos, el avión cambia de rumbo y sigue el itinerario previsto. Todo, automáticamente.

Y pensé:

«¿Cómo es posible que el ser humano niegue o se resista a aceptar la existencia de otras civilizaciones más avanzadas y posiblemente mucho más antiguas que la nuestra, cuyas naves despliegan una tecnología todavía virgen para nosotros?»

¿Qué habría dicho mi abuela si alguien la hubiese sacado de su Barbate natal y sentado frente a las tres computadoras de aquel Jumbo?

¿Cómo podemos ser tan presuntuosos y elevarnos a la cima de la sabiduría si ni siquiera somos capaces de controlar algo tan primitivo como la lluvia?

Supongo que nuestros nietos se desternillarán de risa al saber que sus «antepasados» de la segunda mitad del siglo xx evitaban —evitamos— la lluvia... abriendo un paraguas.

Si hoy hemos hecho realidad los niños probeta, los trasplantes y la navegación submarina, ¿por que no suponer que dentro de cien o mil años el hombre podrá dirigir las naves aéreas o espaciales mediante la amplificación de su fuerza mental?

¿Por qué sentir náuseas, entonces, ante la idea de otros mundos que ya hayan superado esos cien o mil o cien mil años que nos separan todavía a nosotros de tales «sueños»?

Mis amigos me llaman «OVNI»

A las pocas horas de nuestra llegada a México —Distrito Federal—, la comitiva española que precedía al avión real se trasladó a Cancún, en el golfo de México.

Allí iba a tener lugar el primer contacto de los monarcas españoles con el país azteca.

Bajo el ardiente sol del Yucatán, los periodistas fuimos tomando posiciones.

Quien suponga que un viaje con los reyes es una simple y cómoda excursión, se equivoca estrepitosamente. Tanto Sus Majestades como los que les acompañan, se ven sometidos a un ritmo vertiginoso, agotador. Cuando apenas ha concluido un acto, espera ya una visita, una recepción o decenas de conversaciones.

A lo largo de aquellas semanas pude observar —y muy de cerca— a don Juan Carlos y a doña Sofía. Creo que sólo unos corazones tan espartanos como responsables pueden resistir tamaña aceleración.

Y conforme fuimos quemando las horas, en espera del avión real, mi emoción ante el reencuentro con los reyes me hizo sentir frío. ¡Frío en plena selva, a orillas de aquel Atlántico azul, labrado por el sol de los mayas!

Ante la imposibilidad de trasladar a la totalidad de los reporteros hasta la zona arqueológica de Chichén Itzá —uno de los más esplendorosos conjuntos ceremoniales de aquella región maya donde nos encontrábamos y que esta-

ba previsto fuera visitado por don Juan Carlos y doña Sofía aquella misma tarde—, el Gobierno de México dispuso
un helicóptero, que trasladó hasta las pirámides a un reducido grupo de gráficos.

El resto debería esperar en Cancún.

Y mientras paseaba con otros compañeros por las blancas playas de este floreciente imperio turístico mexicano,
sentí la necesidad de acudir también hasta Chichén Itzá, en
pleno Yucatán.

No lo pensé dos veces. Alquilé los servicios de un taxi y
salimos como un cohete.

En menos de 45 minutos, el chófer devoró los cien kilómetros, por una aceptable carretera, en la que todavía es
obligado mantener a raya a la tupida selva.

Un considerable gentío —la mayoría, campesinos de
cabellos negros y lacios y piel barnizada— esperaba a las
puertas de la zona arqueológica. Algunos sostenían grandes fotografías de don Juan Carlos y de doña Sofía.

Allí, mientras preparaba mis cámaras fotográficas, conocí a Norberto González Crespo, director del Centro Re-
gional del Sudeste. Uno de los más experimentados arqueólogos que, precisamente, tenía la misión de acompañar a
los reyes en su visita a las pirámides de Chichén.

Al pie de la gran escalinata del Templo de las Serpientes,
Norberto me habló de las frecuentes apariciones de OV-
NIS sobre la selva. Él mismo había visto en una madrugada,
y mientras navegaba por la costa, una esfera roja que cruzó
sobre la lancha, iluminando el agua y a los ocupantes de la
embarcación con un tono granate.

Era desconcertante. Pero, ¿es que existe algún lugar del
mundo donde no aparezcan estas naves?

Una hora después de mi llegada a Chichén Itzá, el capitán de la policía mexicana nos advirtió de un cambio de

planes. El avión de los reyes de España acababa de aterrizar en Cancún. Pero la inminente caída de la noche hacía del todo imposible el traslado de los monarcas hasta las pirámides mayas.

La visita, pues, había sido cancelada.

A la mañana siguiente —y ya en la capital federal— tuve ocasión, desde la tribuna reservada a la prensa, de presenciar el estremecido recibimiento del pueblo de México a Sus Majestades.

Es curioso. A pesar de mi absoluta impermeabilidad hacia la política, mi corazón vaciló al escuchar las primeras notas del himno nacional.

A partir de aquel momento, el paso de los reyes por los diferentes Estados mexicanos fue un tornado de vítores, emoción y constantes sesiones de trabajo.

Y tampoco en esta ocasión, ni en las siguientes jornadas en México, D.F, tuve la suficiente decisión como para aproximarme a los reyes. A veces me pregunto por qué mis reacciones son tan paradójicas. No temo enfrentarme a mil peligros o quebrar hasta las más duras barreras con tal de realizar este reportaje o aquella entrevista y, sin embargo, en aquellos momentos, mi timidez me frenaba y me mantenía a cierta distancia, siempre oculto más allá de la nube de personalidades, policías y fotógrafos que les rodeaban.

Para mí era suficiente con verles. Mi corazón se sentía feliz.

Hasta que en una de las soleadas mañanas, los periodistas acudimos a la embajada española en México. En el vestíbulo, cuando menos lo esperábamos, apareció don Juan Carlos.

Y con ese estilo desenfadado que le caracteriza, fue saludando, uno tras otro, a corresponsales y fotógrafos. Para casi todos tuvo un gesto, una broma o una pregunta.

Al estrechar mi mano, el rey sonrió. Y, con aire diverti-do y campechano, comentó:

—¡Hombre, Juanjo Benítez! ¡Menos mal que has ve-nido!

Y, dirigiéndose a la piña de periodistas que le rodeaba, prosiguió con un excelente humor:

—Lo primero que me encargó la reina: que venga Bení-tez, el de los OVNIS. Y yo, claro, me puse firme y contesté: «¡A sus órdenes!»

Y el rey, entre el jolgorio general, acompañó aquellas palabras adoptando la posición de firmes y saludando mili-tarmente.

Creo que el rubor me encendió hasta las pestañas.

Poco a poco me fui dando cuenta del carácter entraña-ble del rey. Para cualquier persona que no le conozca, es posible que la gravedad de su rostro en los actos oficiales le lleve a una conclusión precipitada.

Desde aquella mañana en la embajada española en Mé-xico, mis colegas y amigos no me conocen ya por mi nom-bre o apellido, sino por el de OVNI.

Y debo reconocer que no me desagrada.

El despiste de los «sumos sacerdotes»

Mi primer encuentro con doña Sofía, en tierras mexicanas, fue en la ciudad de Veracruz.

A pesar de la obligada brevedad del mismo, jamás olvidaré su gesto.

Yo seguía manteniéndome, como siempre, a una prudente distancia, despistado entre las decenas de acompañantes. Pero aquella tarde, y mientras recorríamos las suntuosas dependencias del Ayuntamiento de la ciudad, la reina me vio. Y, a pesar de encontrarme en aquel instante a bastantes metros detrás de ella, volvió sobre sus pasos, congelando la marcha de media comitiva. Y con una sonrisa que nacía del corazón, me tendió su mano.

Fue un gesto tan súbito y amable, que me azoré. Y estreché su mano al tiempo que inclinaba levemente la cabeza. Pero no pude articular palabra...

Doña Sofía prosiguió la visita, pero ya no pude dar pie con bola.

La víspera de nuestra partida de México, los reyes dedicaron un par de horas al Museo Antropológico. Sin lugar a dudas, uno de los más cuidados y repletos del mundo.

La reina, consumada especialista en temas arqueológicos, disfruta en estas visitas.

Yo había pulverizado muchas horas en aquellas soberbias salas y había comentado entre mis colegas la magnífica réplica de la cripta de Palenque existente en la planta baja de la denominada Sala Maya. Posiblemente, una de las piezas más famosas.

Aunque todos éramos conscientes de lo apretado del programa y de las muchas galerías de que consta el museo, quedamos desagradablemente sorprendidos al saber que —por falta de tiempo— no les sería mostrada a los reyes la referida tumba del «astronauta» de Palenque.

Aquello nos indignó. Y Pilar Cernuda y Ana Zunzarren, con toda decisión, se aproximaron a don Juan Carlos y doña Sofía, insinuándoles que en la Sala Maya, precisamente, había una espléndida réplica de la lápida de Palenque.

Aquello fue más que suficiente. El manifiesto interés de doña Sofía obligó a los organizadores a conducirlos hasta el recinto subterráneo.

Una vez allí, y en presencia del relieve del dios Pakal, algunos periodistas —entre los que me encontraba— comentaron en voz alta el parecido del grabado de la lápida con una cápsula espacial.

Aquello terminó por poner nervioso al director del museo, que aludió de inmediato a la teoría oficial: la reencarnación del hombre en maíz.

Doña Sofía se volvió hacia nosotros y dibujó en sus labios una sonrisa de complicidad.

Aquella misma noche tuve la oportunidad de conversar con los dos ufólogos más famosos del mundo.

El investigador mexicano Carlos Ortiz de la Huerta celebraba una cena en su domicilio. Entre otras personas había invitado al doctor Hynek y a Jacques Vallée. Ambos estaban presentes aquellos días en unas conferencias sobre OVNIS, en México, D.F.

A dicha cena asistía también mi amigo Fernando Téllez, que tan buenos servicios me había prestado.

Al presentarnos, Hynek se mostró vivamente interesado por los documentos oficiales que me proporcionara el Gobierno español sobre doce casos OVNIS.[1]

—Se trata —concretó con entusiasmo— de un paso muy importante. ¡Ojalá todos los Gobiernos del mundo sigan el ejemplo de su país!

Pero a lo largo de la noche, y conforme se estimulaba el diálogo, creí notar algo en Hynek —y muy especialmente en Jacques Vallée—, que me desalentó.

Tanto uno como otro parecían hallarse —ufológicamente hablando— en una especie de callejón sin salida. No tenían respuestas claras.

Cuando me interesé por sus opiniones respecto al origen de los OVNIS, ambos eludieron hábilmente la respuesta.

No sé si aquello fue una maniobra de evasión o un «no saber».

Aunque, dicho sea de paso, yo soy el primero que reconozco que en el tema OVNI, cuanto más se investiga y profundiza, menos se sabe.

No obstante, yo imaginaba que los «sumos sacerdotes» de la Ufología mundial —y creo que lo han demostrado cabalmente— tendrían ya, a estas alturas, alguna noción sobre ese polémico origen. Pero no. Ni Hynek ni Vallée fueron lo suficientemente diáfanos como para saber a qué atenernos.

Y esto, dados los años que llevan en la brecha y los miles de informes que llegan a sus manos, resulta incomprensible.

Vallée, de condición mucho más sencilla e indulgente, fue algo más explícito. No pudo ni quiso apartar de la conversación sus últimas hipótesis sobre el cercano parentesco de los OVNIS y los fenómenos psíquicos.

1 Los doce expedientes oficiales han sido publicados íntegramente en la obra de J. J. Benítez *OVNI: Alto secreto. Documentos oficiales del Ejército del Aire español*.

Al enjuto e introvertido Vallée le había costado un buen puñado de años llegar a tales conclusiones.

Hasta entonces, tanto él como el pelotón de ufólogos que van chupando su rueda, se habían rasgado las vestiduras cada vez que alguien, en cualquier congreso o publicación, abría tímidamente la primera página de dicha posibilidad.

Y el investigador en cuestión era obsequiado con las gratificaciones de «anatema», «falsario», «visionario» o «charlatán».

Ahora, en uno de esos divertidos giros de la vida, los ufólogos de salón se veían obligados a considerar —desde el punto de vista científico, ¡no faltaba más!— la nueva teoría de los «sumos sacerdotes».

—Entonces —pregunté a Vallée como si no me hubiera enterado de nada—, ¿existe la posibilidad de que los OVNIS guarden algún tipo de relación con los fenómenos paranormales?

—Eso creo, sí. Hay muchos datos, hechos e informaciones que así lo confirman.

—Entonces, ¿tú rechazarías la posibilidad de un «contacto» con esos OVNIS, a través de la mente, por ejemplo?

—En principio no. Y te diré algo. —Frunció las espesas cejas—: Empiezo a sospechar que la mayor parte de los casos OVNI pueden ser «creación» de nuestras mentes.

—O sea, ¿que yo puedo «fabricar» un OVNI con el poder de mi cerebro? Lo siento —le respondí mostrando mi total desacuerdo—, pero eso es más fantástico que la propia existencia de los OVNIS. ¿Qué me dices de las huellas que dejan en tierra? ¿Y de las vertiginosas velocidades registradas en las pantallas de radar? ¿Y de las alteraciones en los instrumentos de los aviones? ¿Y de los animales que mutilan?

A partir de ese instante, nuestra conversación quedó ya tan enredada y confusa, que Hynek —no sé si por lo avanzado de la hora o porque le irritaba aquella tertulia con tanto «acólito»— se levantó y desapareció.

Al verle marchar tuve la sensación de que al bueno de Hynek se le había subido la gloria a la cabeza.

Claro que cobrando miles de dólares (unos 200.000, por ejemplo, por el asesoramiento de la película *Encuentros en la tercera fase*), ¿a quién no le ocurriría lo mismo?

Tres horas con la reina

Una semana después de iniciado el viaje nos empezaron a fallar las fuerzas.

Aquel mismo día de nuestra llegada a la ciudad de Lima no tuve más remedio que conceder una tregua a mis doloridos huesos. Así que, tras una benéfica ducha, me olvidé del mundo y me dispuse a dormir.

Pero a los pocos minutos, y cuando ya me consideraba un hombre feliz, sonó el teléfono. Era el inalterable Fernando Gutiérrez, jefe de Información de la Zarzuela. Un hombre querido por todos los periodistas, gracias a su talante apacible.

Me aguardaba en el vestíbulo. Era importante que hablara con él. Al parecer, Su Majestad la Reina quería saber si en la mañana siguiente —y en uno de sus escasísimos huecos dentro del programa de la visita oficial a Perú— podría conversar con algunos de los representantes del IPRI (Instituto Peruano de Relaciones Interplanetarias). Doña Sofía conocía la existencia de este Centro, dedicado a la investigación astronómica, arqueológica y ufológica, y deseaba informarse sobre sus proyectos, descubrimientos, etc.

Creo que jamás me he vestido a tanta velocidad.

Una vez acomodado frente a Fernando, éste me expuso los detalles.

Poco después le acompañaba hasta el Palacio de Gobierno, en la Plaza de Armas. Allí tenía lugar una cena de gala, a la que asistían Sus Majestades los reyes y el Gobierno en pleno del Perú.

Al terminar, el propio general secretario de la Casa Real, Sabino Fernández Campo —uno de los hombres más bondadosos que jamás he conocido y a quien siempre me lo imaginé no como general, sino como cartujo— concertó la hora de la visita a la residencia de los reyes en Lima.

A eso de las diez o diez y media de la mañana, Su Majestad la Reina nos recibiría con mucho gusto.

Aquella noche no pude conciliar el sueño.

Y a primera hora de la mañana —casi con el alba— me dirigí a la sede del IPRI, en el distrito de Barranco, uno de los barrios señoriales de Lima.

Creo que en el trayecto recé cuanto supe, con tal de que el presidente, Carlos Paz, estuviera en su domicilio. Y hubo suerte.

Carlos Paz se sintió tan sorprendido como halagado. A la hora prevista, doña Sofía entraba en uno de los salones de la Residencia Real, en una de las alas contiguas al Palacio de Gobierno, donde esperábamos.

La aceleración de mi corazón disminuyó con la cálida presencia de la reina. Todo era mucho más fácil cuando ella hablaba.

La entrevista —a la que asistieron también la señora de Mondéjar, Silvia de Oreja, ministro de Asuntos Exteriores; el general Sabino, Carlos Paz y yo— se prolongó durante casi tres horas.

Y en todo ese tiempo —sencillamente delicioso—, el tema central lo ocupó el misterio de los OVNIS.

Doña Sofía sobrevuela la pampa de Nazca

Poco antes de salir del palacio, el general Sabino prometió llamarme aquella misma tarde. De acuerdo con las escasas horas libres que permitía el programa, tratarían de satisfacer el deseo de los monarcas de visitar las gigantescas pistas y dibujos de la pampa de Nazca, al sur del país, o el museo del doctor Javier Cabrera, en la ciudad de Ica.

En este último, Cabrera ha logrado reunir entre 11.000 y 15.000 piedras grabadas, al parecer, por una remota civilización.[1]

Ambos proyectos entusiasmaban a los reyes. Y, en especial, a doña Sofía.

Pero la falta de tiempo —como siempre, el peor enemigo—, obligaba a sacrificar muchas de las ideas. A última hora de la tarde encontré un aviso del general en el Hotel Sheraton, donde nos alojábamos. Al ponerme en comunicación con Sabino Fernández Campo, éste me explicó que no había tiempo para mucho. Que las Fuerzas Aéreas habían puesto a disposición de los reyes un reactor y a primera hora del día siguiente volaríamos en él hasta la pampa de Nazca.

—Sería estupendo —me insinuó el general— que María Reiche, la matemática alemana, pudiera acompañar a la

1. En su libro *Existió otra Humanidad*, J. J. Benítez expone un amplio informe sobre estas piedras grabadas, que constituyen la más antigua «biblioteca».

reina en este vuelo. Su Majestad tiene mucho interés en co-nocerla.

No había más que hablar.

Quince minutos después tenía al otro lado del hilo telefónico el Hostal del Turista de la ciudad de Nazca, donde reside habitualmente María, también conocida como *la Bruja de la Pampa*. Una mujer admirable que, a sus setenta y cinco años todavía trabaja y estudia en torno a las enigmáticas pistas, líneas y figuras del Valle del Ingenio. Unas pistas y dibujos que, como es sabido, sólo pueden ser observados desde el aire.

Pero, ¡oh Dios!, María Reiche había viajado a Lima con el fin de someterse a un tratamiento médico. Para colmo, los responsables del hostal no tenían ni la más remota idea de la clínica u hospital donde podía estar la matemática.

Y como el boxeador a quien le acaban de colocar un directo en plena mandíbula, así me dejé caer sobre el filo de la cama.

¿Qué hacer? En Lima hay más de cien clínicas y hospitales.

¡Al diablo!

Me incorporé de un salto y me hice con la guía telefónica. Si María estaba en la capital peruana, yo la encontraría. ¡Aunque tuviera que movilizar a la Guardia Nacional!

La primera hora resultó tan infructuosa, que a punto estuve de tirar la toalla.

No había posibilidad humana de dar con aquella mujer.

Encendí un nuevo pitillo, tratando de pensar. Mi reloj marcaba las dos de la madrugada. ¡Y María y yo deberíamos estar a las ocho de aquella misma mañana a las puertas del palacio!

Un nudo, áspero como el corcho, atascaba desde hacía rato mi garganta.

Por enésima vez consulté mi agenda. Hasta que, al fin, mi dedo índice apuntó un nombre salvador: Palacín, el piloto y gerente de la Compañía Cóndor, viejo amigo que, desde hacía algunos años, volaba cada día sobre la pampa nazqueña, mostrando a los turistas las pistas en cuestión.

—Sí, ¿con quién hablo?

La voz medio nublada de Palacín al otro lado del teléfono recompuso mis maltrechos pensamientos.

Cuando le expliqué el problema, el veterano piloto dejó caer:

—Pues la estrella de la suerte te acompaña, viejo. María está aquí, en mi casa.

—¿Y es posible que acompañe en ese vuelo a la reina?

—No creo que haya problema.

—Pero, ¿y su tratamiento médico?

—Es un simple chequeo. Mañana, precisamente, pensaba regresar a la pampa.

A las siete y media de la mañana, Palacín y María Reiche se presentaron en el Sheraton. Todo estaba dispuesto. Una hora más tarde, un potente reactor Fokker 28 de las Fuerzas Armadas peruanas despegaba de la base de Lima, rumbo a Nazca.

En él volaban Su Majestad la Reina —don Juan Carlos no había podido acudir a causa de sus obligaciones oficiales—, las señoras de Mondéjar y de Marcelino Oreja, algunos de los ayudantes de la Casa Real y el propio general Sabino.

Junto con María abordamos el reactor Palacín, uno de los hombres que más veces ha sobrevolado la pampa, Pilar Cernuda, Anita Zunzarren, Alberto Schommer y yo.

Y junto a los pilotos militares que tripulaban el reactor, un general del Alto Estado Mayor peruano.

Doña Sofía, alegre y cordial, fue siguiendo con gran atención las explicaciones de la matemática sobre la naturaleza, dimensiones y posible origen de aquellas figuras. Primero, ante un plano que María había extendido sobre una pequeña mesa.

Después, a los quince o veinte minutos de vuelo, ya directamente sobre la pampa de Nazca.

Tanto la reina como todos los que la acompañábamos pudimos admirar aquella enorme planicie ocre, salpicada acá y allá por algunas lomas, sobre las que también habían sido trazados los kilométricos dibujos y pistas.

Pero algo no marchaba bien.

Al parecer, el piloto no seguía la ruta deseada por María Reiche. Y, tras disculparse, la matemática se levantó y caminó a cortos pasos hacia la cabina, mascullando no sé qué frases en alemán.

Doña Sofía aprovechó la momentánea ausencia de María para comentar divertida:

—¡Es una auténtica germana!

Palacín terció con una frase que apoyó la idea de la reina.

—Por lo visto no está conforme con el itinerario que sigue el piloto... Y le obligará a volar por donde ella diga.

Y así fue. A los pocos minutos, la anciana de blancos cabellos explicaba a doña Sofía que la ruta marcada por ella era mejor para distinguir las figuras y dibujos.

A pesar de la considerable velocidad del pequeño reactor, todos pudimos contemplar las intrigantes «pistas» —en las que hoy podría aterrizar un avión—, el «mono», la «araña», el «colibrí», las «espirales», etc., y que, en opinión de la matemática, constituyen el mayor calendario astronómico del mundo.

Una opinión que yo no comparto del todo, dicho sea de paso.

Una hora más tarde, el reactor se dirigía nuevamente hacia la ciudad de Lima. Pero antes sobrevoló la costa de Paracas, entre la capital peruana y Nazca, a fin de que doña Sofía observara también el no menos famoso «candelabro» o «tridente». Otra misteriosa obra, trazada sobre un inexpugnable acantilado y que, al igual que sucede con Nazca, sólo puede ser admirado desde el aire.

—Pero ¿cómo lo habrán podido hacer? —era la pregunta, siempre a flor de labios de la reina.

Fue una lástima —y así lo reconocimos todos— que don Juan Carlos no hubiera podido olvidar por unos minutos sus obligaciones y hacer aquella escapada hasta los impenetrables misterios de Nazca y Paracas.

Nace SOPA

El primer percance de la expedición real —aunque por suerte, de carácter pasajero— lo iba a protagonizar doña Sofía cuando, la víspera de nuestra partida del Perú, visitamos la ciudad sagrada de los incas: Machu Picchu.

Varios helicópteros nos habían trasladado aquella mañana desde Cuzco hasta la explanada rectangular y de crecida hierba, al pie mismo del «Pequeño Picchu», en pleno centro del barrio artesal de la ciudad sagrada.

El guía nos manifestó su preocupación. Si los reyes no llegaban cuanto antes, las oleadas de nubes que ocultaban ya las cumbres de las montañas vecinas terminarían por desmayarse sobre Machu Picchu. Eso bloquearía a los helicópteros.

Pero los rostros se iluminaron cuando el eco romo de un helicóptero repiqueteó entre las paredes del angosto valle. Y un punto rojo y brillante al sol de los Andes avanzó hacia nosotros.

Una vez en la explanada, el rey saltó a tierra, provisto de una cámara fotográfica.

—Esta ocasión —nos dijo mientras respiraba a pleno pulmón— bien merece la pena un estreno, ¿no os parece?

Y, tras una rápida consulta a Schommer sobre la eficacia de su flamante cámara, don Juan Carlos inició la visita a las ruinas.

Detrás, la reina.

Desde un principio —y a pesar de sus esfuerzos— noté

una cierta palidez en el rostro de doña Sofía. Su sonrisa no era como la de otros días. Ésta desaparecía casi al tiempo que brotaba en sus labios. Y tampoco sus ojos lucían aquel celeste mediterráneo.

Imaginé que el ritmo despiadado de aquel viaje le había hecho mella.

Pero no. El problema nació con el llamado «mal de la altura». El casi súbito paso desde el nivel del mar a los tres mil cuatrocientos metros de la ciudad cuzqueña, sin unos minutos para la debida aclimatación, le había afectado.

Cuando la comitiva ascendía por la ciudad sagrada, camino del «intihuatana», o «reloj solar» de los incas, la reina prefirió detenerse y descansar.

Don Juan Carlos, en plena forma, siguió su ascenso, dejando descolgada a media expedición.

—Estoy agotada —comentó la reina con un hilo de voz, mientras se sentaba a la sombra de una de las construcciones.

Aquella indisposición de doña Sofía y las amenazantes nubes, que llegarían sobre nosotros en una hora, aceleraron la vuelta a Cuzco.

Cuando abordamos el Dorado Inn, nuestro hotel, los periodistas tuvimos que recurrir también al té de coca, a fin de reponer energías y cortar por lo sano el creciente malestar que provocaba aquella disminución en la presión, consecuencia lógica de la altura a que nos encontrábamos.

Jamás se borrará de mi mente aquel viaje a Perú. Precisamente en tan mítica tierra cuajó —¡y de qué forma!— una hermandad, más que amistad, entre siete de los profesionales de la histórica visita. Siete «compadres» que, en una inolvidable noche en el restaurante Trece Coronas de Lima, fundamos la fraternidad SOPA (Sociedad de Periodistas Amigos), en base a puntos tan inquietantes como el «descarrilismo» —no importa en qué sentido—, la poesía (venga de donde venga), el deleite de los momentos mágicos, el estruendo, la risa y la exaltación del Amor.

Obviamente, aquellos «anarquistas» del espíritu no podían ser otros que Ignacio Gabilondo, Pilar Cernuda, Ana Zunzarren (obsérvese lo ácrata de nuestra sociedad, que hasta el representante de la radio ha sido puesto en primer lugar), Gianni Ferrari, Jaime Peñafiel, *Ovni* y Alberto Schommer, único miembro capacitado para tocar la campana, que viene a ser como el cordón umbilical que nos une en nuestras reuniones y congresos con eso tan desordenado que llamamos «civilización».

Y en memoria de aquel I Congreso (Constituyente) en la ciudad limeña, SOPA adoptó como símbolo —no impreso—, y en homenaje a aquel primer menú, el camarón.

Pero tanto aquel I Congreso como el II, felizmente celebrado en Youmoussoukro (Costa de Marfil) el 13 de mayo de 1979, bien merecen otras atenciones.

Comandante Lorenzo:
Un OVNI en el morro del Caravelle

Aquel viaje a Sudamérica no podía terminar así como así. Y el mismo día de nuestro regreso a España, la fortuna —¿o no será la fortuna?— me espantó el cansancio de aquella formidable gira por México, Perú y Argentina.

Aquella mañana, Pepe Meliá lidiaba la última tramitación —la de los pasaportes— en el mostrador de Iberia, en pleno aeropuerto de Ezeiza, en Buenos Aires.

Nuestro jolgorio debía de ser tal que, al poco, vimos llegar a uno de los pilotos de la compañía.

Era Juan Ignacio Lorenzo Torres, comandante del avión que nos trasladaría a Madrid. No tardamos en hacer amistad con Lorenzo, más conocido entre los veteranos aviadores como *el Cabra*, según su propio testimonio.

Y por enésima vez caí en la tentación. Ante las benevolentes sonrisas de *Chencho* Arias y Ramón Castillo, ambos de la Oficina de Información Diplomática, pregunté al comandante si había tropezado alguna vez con un OVNI.

El piloto mudó el color y sentenció:

—Tienes ante ti al primer piloto español que ha volado con un OVNI «pegado» al morro de su avión.

Los presentes nos miramos con la incredulidad brillando en los rostros. Pero no. El veterano piloto de Iberia hablaba en serio.

Camino de Río de Janeiro nos contó su aventura, ante la

mal disimulada sorpresa de Pepe Oneto, director de la revista *Cambio 16*, y el cada vez más debilitado escepticismo de Jaime Peñafiel.

—Volábamos entonces, el 4 de noviembre de 1968, en un Caravelle que hacía la ruta Londres-Alicante.

—¿También en la compañía Iberia?

—Sí, yo era entonces comandante de Caravelle. Al llegar a la altura de Barcelona, el control de aquel aeropuerto nos bajó súbitamente de nivel. Fue algo extraño. Pero yo pensé que podía tratarse de un cruce de aviones y que por ese motivo nos habían hecho descender en altura. Le dije entonces al segundo piloto, Juan Celdrán García, que hoy es comandante de Iberia, que hiciera un poco de vigilancia exterior, por si veía el tráfico.

—¿A qué nivel volabais al llegar a Barcelona?

—A 310. Y nos bajaron a 280. O sea, a 28.000 pies. En este nivel había un poco de turbulencia y le pedí al segundo que se mantuviera alerta. En cuanto viéramos el avión pediríamos a control Barcelona que nos autorizase a subir, evitando así aquellas molestias. Al poco, Juan me advirtió: «Ahí está.» Era una luz muy fuerte. Demasiado para ser un avión. Venía de frente. Le dije al segundo piloto que no reportase todavía la presencia del tráfico, porque «aquello» no parecía un avión normal. Y no estaba equivocado. La extraña luz se acercó muchísimo. De pronto, en el centro, apareció otra luz, como un balón, que variaba de tonalidad. Pasaba del blanco al azul, al grisáceo. Lo más curioso es que pulsaba como si estuviera «respirando». Como si tuviera vida propia. En ese momento vimos también otras dos luces laterales, algo más pequeñas y del mismo color mortecino.

—¿Formaban un solo cuerpo?

—Aparentemente, sí. Pero luego se produjo una discrepancia con el radar. Verás...

—Perdona, Ignacio. ¿A qué distancia podían estar aquellas luces del morro de tu avión?

—Muy cerca. ¡A unos diez metros!

—¿Cómo?

—Sí, a unos diez metros. Y mantenía la misma velocidad del Caravelle.

¡Razón tenía el comandante de Iberia para afirmar que había sido el primer piloto español que había tenido un OVNI «pegado» a su avión!

—Fíjate si estuvo cerca del morro del Caravelle, que veíamos como «venas» en el interior de aquella luz central.

—¿Qué volumen alcanzó la luz cuando se situó a tan corta distancia?

—Igual. Como un balón. Pero su intensidad era tal, que nos iluminaba a Juan y a mí. Venía con nosotros el mecánico Cuenca Paneque y, ante lo increíble del hecho, llamamos a la azafata. Y le preguntamos si ella también estaba viendo aquella luz. Nos dijo que sí, y preguntó qué era. Le respondimos que sólo queríamos que viera lo que nosotros también estábamos viendo.

»Entonces se distanció la luz. Y volvió a acercarse. Pero se detuvo. Ante nuestro asombro, comenzó a hacer todo tipo de evoluciones en torno al avión. Pero a una velocidad tal, que casi no podíamos seguirla con la vista.

—¿Cuánto duraron esas evoluciones?

—Unos diez minutos. Yo tomé entonces el micro y dije a control Barcelona: «Para su información, le diré que tenemos un objeto no identificado que se acerca y se aleja del avión.» Control Barcelona nos pidió que pusiéramos el «transponder», que es un código para la detección en el radar. Y el OVNI siguió haciendo aquellos giros asombrosos en torno a nosotros. Unos giros y maniobras que hubieran tenido que destrozar a quien fuera dentro.

—¿Por qué?

—Estoy volando desde los diecisiete años y sé que el cuerpo humano no puede resistir más allá de los «5 g», negativos o positivos. Si se supera ese límite, sobreviene la pérdida de conciencia. Por mucho traje antigravedad que lleves. Aquel objeto desafiaba todas las leyes de la Física. Tan pronto volaba en ángulo recto como trazaba hipérbolas, parábolas, saltaba de un punto a otro. ¡Era cosa de locos!

—¿Y qué hicisteis?

—Encendimos todas las luces del avión y comenzamos a hacerle señales.

—¿Y el OVNI?

—Empezó a responder de idéntica forma. Cada vez

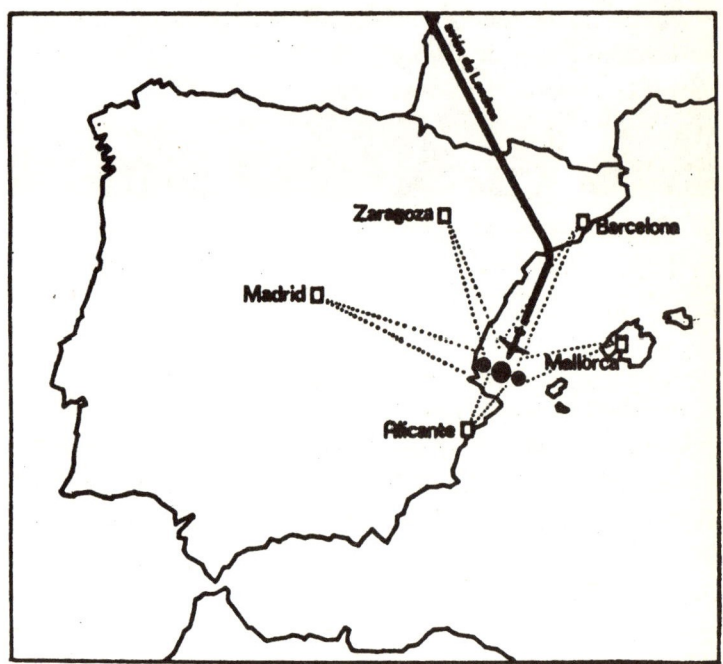

que nosotros hacíamos un cambio de luces, él hacía lo propio. Si encendíamos, él encendía. Si apagábamos, el OVNI apagaba. Estaba claro que se comunicaba con nosotros.

—¿Cuántas señales pudisteis hacer?

El OVNI se colocó a corta distancia del «morro» del Caravelle del comandante Lorenzo. Era el 4 de noviembre de 1968. Todos los radares militares de la costa mediterránea captaron el eco del OVNI. Pero el «secreto» oficial cayó sobre el asunto...

—Si no hicimos veinte, no hicimos ninguna. Por último —concluyó el comandante—, el objeto dio un giro a la derecha y se perdió en dirección a Baleares. Total, que todo el vuelo, como podrás imaginar, estuvimos comentando el hecho.

—¿No sentíais miedo?

—Hubo un momento, cuando se acercó tanto, que temí por la seguridad del avión. Aterrizamos en Alicante, y

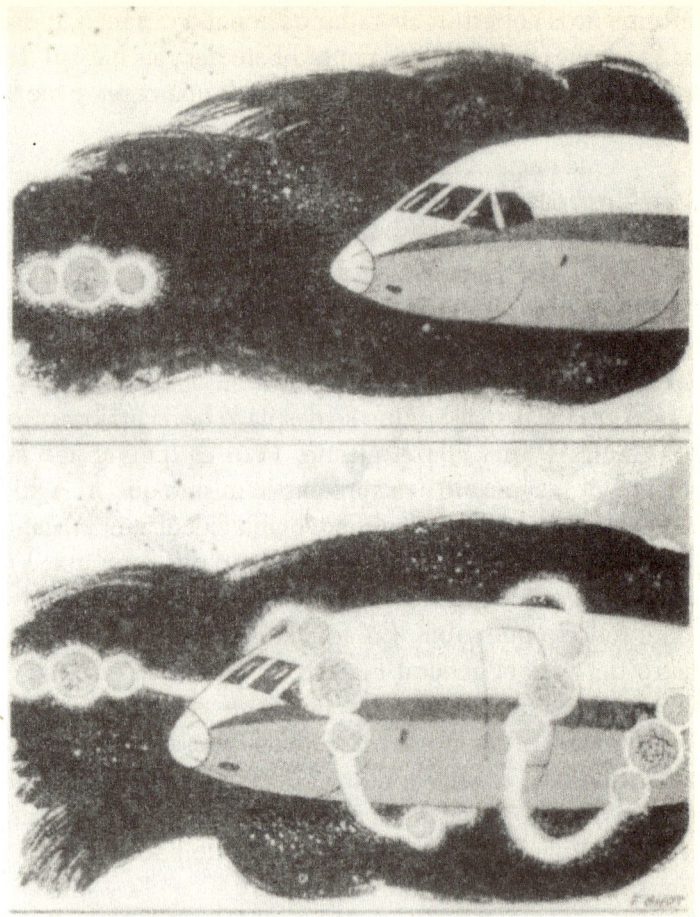

El OVNI hizo las más increíbles maniobras en torno al avión del comandante Lorenzo.

al día siguiente nos tocó el vuelo Barcelona-Madrid. Al tomar tierra en la Ciudad Condal, me dieron un aviso urgente, de parte del coronel Aleu, que entonces era jefe de la Red de Alerta y Control de la región catalana. Me pidió que le explicara todo lo ocurrido. Entonces me enseñó el informe de la cobertura de radar nacional. Pues bien, todas las estaciones militares de la mitad Este del país habían detectado la presencia del OVNI. Le pedí una copia y me la proporcionó. Poco después me la quitaron.

—¿Qué decía el informe?

—Los radares habían detectado mi avión, el Caravelle, y otros tres objetos, tal y como yo los había visto.

—Entonces, ¿eran tres OVNIS?

—Sí. Uno central y dos que volaban a ambos costados. Los expertos que siguieron las evoluciones de los objetos desde los radares, especificaron que la velocidad de los «ecos» era incalculable. Uno se desplazó hacia arriba; otro, a 20 millas, y más allá el último. Pero es que, al año siguiente, otro avión vio exactamente lo mismo que yo. Y dio la coincidencia de que también volaba Cuenca, el mecánico. El hecho trascendió y la prensa acabó por enterarse. Vinieron a verme de la revista *La Actualidad Española* y les conté todo lo que sabía. En aquellas fechas estaba de ministro del Aire el general Lacalle. Y dijo «que no, que el pueblo no estaba preparado y que no podíamos hacer declaraciones». El asunto se hizo oficial. Se nombró un juez-informador del caso y se dijo a la prensa (en nota oficial) «que lo que habían visto los pilotos de Iberia era el planeta Venus». ¡Imagínate! Yo, que vuelo desde hace 26 años y sumo ya más de 21.000 horas de vuelo.

»¿Es que no sé distinguir Venus de un objeto que llega, a ritmo de colisión, hasta el morro del Caravelle? ¿Y los radares?

Antes de dar por terminado el extraordinario testimonio del comandante Lorenzo, insistí en un punto que me había llamado poderosamente la atención.

—¿Dices que había como «venas» en el interior del foco central?

—Sí. Parecía algo «vivo».

—¿Como qué?

—Me recordó un gigantesco ojo humano. Eso es. Esas «venas», o lo que fueran, estaban entrelazadas y ofrecían una tonalidad distinta. Aquella luz, como he dicho anteriormente, pulsaba. De verdad que lo asocié con algo vivo.

—¿Algo manejado inteligentemente?

—Sí. Estoy convencido. Y te diré una cosa: yo, antes de esto, no creía en OVNIS. Me hacía gracia el tema.

—¿Y qué piensas ahora?

—Que están ahí, en nuestros cielos.

—¿Pueden ser naves espaciales procedentes de otros mundos?

—Si no son aviones (que no pueden serlo, dado su comportamiento, velocidades, etc.), ¿qué otra cosa son?

—¿Crees que llegará el día en que nuestra civilización reconocerá que estamos siendo visitados por seres inteligentes y supertecnificados?

—Sí, algún día sacaremos la cabeza del agujero y abandonaremos la actual política del avestruz.

Otro «cilindro» que vuela

Esta primera fase de mis investigaciones OVNI con pilotos españoles iba a concluir —curiosamente— con uno de los primeros casos de que había tenido noticia: el del comandante Juan Menaya. Recuerdo que Rafa Gárate, nada más iniciar las pesquisas, ya me había advertido de este interesante suceso OVNI.

Y fue en un vuelo Madrid-Francfort cuando, al fin, tuve ocasión de conocer al veterano piloto de Iberia. Era uno de los primeros «saltos» en un nuevo viaje hacia el Oriente Medio —concretamente hacia Kuwait— y le pedí a Pilar Cernuda, redactor-jefe de la agencia SAPISA, que me acompañara a la cabina.

Pilar asistió a la totalidad de mi entrevista con el comandante.

—... Sí —comentó Menaya un tanto divertido—, fue hacia el año 1977. No recuerdo bien si en abril o mayo. Volábamos de Las Palmas a Lanzarote en un DC-9. A eso de las seis de la mañana, todavía de noche, vimos un resplandor que parecía salir del mar.

»Al tomar tierra en Arrecife, el resplandor había desaparecido. Y seguimos conversando en la cabina. Venía de segundo piloto Sergio Valcárcel y un *fly student* o estudiante de vuelo. De pronto, sobre el horizonte, vimos aparecer un cilindro enorme. Era de un color pardo y como un gigantesco bidón de gasolina.

»Era ya de día y los pasajeros caminaban por la pista, dispuestos a embarcar en el DC-9.

»Nos quedamos de una pieza. ¿Qué demonios era aquello?

»El «cilindro» se metió o «fabricó» una nube y desapareció de nuestra vista por espacio de dos segundos. A continuación volvió a salir de aquella «nube» y empezó a arrojar unas luces azuladas. Yo conté hasta dieciséis...

—¿Dice que se metió en una «nube»?

—Sí, lo que ya no sé decirte es si la nube en cuestión estaba allí o si la provocó el «cilindro». Yo creo que la «fabricó» el objeto aquél.

»Después de «vomitar» aquellas pequeñísimas luces azuladas, el «cilindro» siguió volando y pasó sobre la vertical de la pista del aeropuerto. Lo vieron todos los pasajeros. Uno de ellos, incluso, creo que filmó la escena.

»El «cilindro» fue rodeado por aquellas lucecitas y así se perdió hacia el Este. En un momento determinado, las luces se quedaron rezagadas. Y se produjo un movimiento muy curioso: tuvimos la sensación de que los objetos más pequeños «aumentaban gases», recuperando el terreno perdido y colocándose a la par del «cilindro».

»Antes de que desapareciesen tuvimos tiempo de salir de la cabina y verlos desde fuera. ¡Era sorprendente! Y todo en el más absoluto silencio...

—¿En cuántas posiciones lo vieron?

—En tres: primero en el horizonte (como a unos 45 grados), después sobre el techo de la cabina y, por último, desde fuera del avión, cuando se desplazaban hacia el Este.

—¿Por dónde salieron las luces azuladas?

—Siempre por un punto de la parte inferior del «cilindro». Y se deslizaban hacia atrás.

Menaya hacía en aquella ocasión la línea Lanzarote-Las Palmas-Tenerife-Las Palmas-Madrid. Y me explicó que durante aquel tiempo, la «nube» siguió allí, a pesar de la desaparición del «cilindro» y de las restantes luces.

—Se había convertido —nos dijo— en una nube redonda, no muy grande y típica del buen tiempo. Cualquiera que no hubiera visto el «cilindro» la habría tomado por un cúmulo normal. Pude pasar a unas 60 millas, cuando volábamos a unos 28.000 pies de altura. La nube estaba algo más arriba. Quizá a unos 35.000 pies.

Cuando le pregunté a Menaya sobre las características del «cilindro», el comandante —que lleva 27 años volando, con más de 22.000 horas de vuelo— fue rotundo:

—«Aquello» no era normal. No tenía alas, ni tampoco vimos ventanillas. Era un cuerpo opaco, de color oscuro y lo más parecido, como te decía, a un gigantesco «bidón» volador...

»Parece increíble, pero así fue.

La descripción del piloto de Iberia corresponde, como habrán adivinado los seguidores del fenómeno OVNI, a toda una nave «portadora» o «nodriza», en pleno vuelo y en plena misión de expulsión de otros vehículos más pequeños o de «exploración».

Cinco conclusiones

Al concluir esta primera recopilación de «encuentros» entre OVNIS y aviones civiles, otros casos —tan apasionantes como los ya expuestos— han ingresado en mis archivos. Esto confirma, una vez más, la constante presencia de los «no identificados» en nuestros cielos, junto a aviones de todo tipo y de todas las nacionalidades.

Sin embargo, como señalaba al comienzo de este reportaje, creo que la presente selección de casos, protagonizados por profesionales civiles del aire, es lo suficientemente ilustrativa como para sacar conclusiones. Unas deducciones, por otra parte, que vienen a reforzar las ya extraídas en las investigaciones que se realizan en los avistamientos de OVNIS en tierra o en el mar.

He aquí, a título de síntesis, algunas de estas conclusiones —las más sólidas—, derivadas, como digo, de los numerosos testimonios de los pilotos. Al fin y a la postre, los profesionales más capacitados del mundo a la hora de distinguir cuanto se mueve en nuestros cielos:

TRIPULADOS

1.ª Cuantos pilotos pude interrogar —testigos de objetos volantes no identificados— se mostraron absolutamente convencidos de un hecho trascendental: son artefactos y son artefactos tripulados.

El comportamiento «inteligente» de dichas naves obliga a cualquier mente medianamente inteligente a aceptar esta hipótesis. Este hecho ha sido y es ratificado por los radares civiles y militares, que reciben «ecos» de cuerpos sólidos, opacos y metalizados.

El citado carácter de «objeto tripulado» ha sido confirmado, además, con nítidos «intercambios de luces», entre los reactores y los OVNIS y, muy especialmente, por las milimétricas aproximaciones a los costados y planos de los aviones.

«OTRA» TECNOLOGÍA

2.ª La totalidad de los pilotos que han vivido una experiencia OVNI reconoce que la tecnología desplegada por estas naves nada tiene que ver con la nuestra.

Sus aceleraciones y desaceleraciones, sus desconcertantes velocidades dentro de la atmósfera, sus forzados giros, sus ángulos rectos en pleno vuelo, su dominio absoluto de las leyes gravitacionales, sus desplazamientos silenciosos, sus luces, sus cambios de formas «sobre la marcha», sus «materializaciones» y «desmaterializaciones» y el propio diseño de los OVNIS les colocan muy por encima de las técnicas actuales de la navegación aérea del ser humano.

Ni los aviones experimentales ni los más sofisticados misiles o satélites artificiales pueden equipararse a estos objetos. Estamos, por tanto, ante otra tecnología, ajena por completo a lo que conocemos.

Y yo diría más. Estamos, quizá, ante el futuro...

3.ª Casi como una consecuencia lógica y obligada por la conclusión anterior, muchos de los pilotos consultados se inclinan a aceptar la teoría «extraterrestre» como la más natural. Yo comparto, al cien por cien, esta nueva conclusión.

Si nuestros Ejércitos o la aviación comercial no han podido fabricar aún naves capaces de volar a 70.000 kilómetros a la hora dentro de la atmósfera, y muchísimo menos basar los actuales sistemas de propulsión en el dominio de la gravedad, ¿a quién debemos atribuir la «paternidad» de tales objetos?

Sencillamente, a otras civilizaciones «supertecnificadas» que nos visitan.

Otras «civilizaciones» QUE NO SON DE LA TIERRA. Al menos, que no pertenecen a nuestro presente.

La teoría «extraterrestre» se encuentra reforzada por otras muchas pruebas. Una de las fundamentales para los investigadores «de campo» es precisamente la abundante presencia de los «pilotos» o tripulantes de esos OVNIS. Los casos investigados se cuentan por miles en todo el planeta.

SON PACÍFICOS

4.ª En contra de lo que vienen señalando otros escritores del tema OVNI, los pilotos civiles y militares que han «tropezado» con estos vehículos los consideran «generalmente pacíficos».

Jamás ha habido una prueba o demostración clara y contundente de su agresividad. Al menos en el aire.

Otra cuestión es si esas violentas aproximaciones que

realizan a los aparatos pueden ser calificadas como «manifiestos síntomas de violencia».

NOS OBSERVAN... Y ALGO MÁS

5.ª Quizá la interrogante más ardua para los investigadores sea ésta: ¿qué pretenden?

A juzgar por las descripciones y testimonios de los pilotos, los tripulantes de los OVNIS parecen «observar». Se aproximan a los aviones y, tras algunos segundos o minutos en los que «escoltan» al aparato, se alejan sin más. Casi todos los testigos «sintieron» la misma sensación: «... parecía como si nos observasen».

Para cualquier científico —muy especialmente para cuantos trabajan en el campo de la investigación—, este comportamiento podría encajar en el más puro «espíritu científico». En el fondo, y salvando las distancias, los humanos hacemos lo mismo con los bancos de peces, con los primates o con las colonias de flamencos...

Estaría justificado, por tanto, que otros seres mucho más evolucionados que el hombre del siglo xx llevaran a cabo «aproximaciones» e «investigaciones» sobre la gran «colonia» humana, sumida y sometida a todo tipo de enfermedades, guerras y desequilibrios. Nosotros lo hemos hecho y lo hacemos aún con las tribus africanas, amazónicas o australianas que viven a «otro ritmo» o en otros «momentos históricos». La gran diferencia entre el comportamiento de los hombres respecto a esas tribus de la Edad del Bronce o de la Piedra y los tripulantes de los OVNIS en relación a la Humanidad puede estar en «algo» que nosotros, los humanos, todavía no hemos terminado de aprender: el verdadero respeto a la LIBERTAD.

Estoy cansado de escuchar el mismo argumento: «Pero, si están ahí, ¿por qué no bajan...?»

Nadie conoce la verdad, por supuesto. No obstante, quizá la clave esté en las palabras de Von Braun:

«La Providencia quiere que el progreso técnico rápido vaya acompañado por un progreso también rápido en lo concerniente a la vida moral, y por una aplicación más estricta de los principios éticos que le sirven de base...» Desgraciadamente, el vertiginoso progreso técnico de los humanos de la Tierra poco o nada tiene que ver con el sentimiento del desaparecido genio de la Astronáutica. Es por eso que no terminamos de asimilar la idea del respeto a la libertad de los demás. Es por eso que, quizá, no comprendemos por qué otros supuestos seres extraterrestres no terminan de descender.

Estoy seguro de que el día en que el hombre descubra el verdadero y profundo sentido de la libertad, todo resultará más claro. Más apasionante. Más hermoso...

¿Con qué derecho «entramos» o «desembarcamos» nosotros en América o en África? ¿En nombre de qué libertad absorbimos nosotros las culturas inca o maya o azteca o guanche o sioux? ¿Tuvimos en consideración la libertad de los colonizados o la nuestra? ¿Dónde está, en estos conocidos hechos históricos, el verdadero sentido de la Libertad?

El día que el hombre entienda que ni siquiera la Cruz es razón suficiente para imponer o superponer una cultura, unas costumbres, unos derechos o unas obligaciones a otros pueblos que tienen sus propias vivencias y su natural ritmo evolutivo, ese día, creo, el hombre estará más cerca de la auténtica Libertad.

Y yo me pregunto: ¿no estará sucediendo esto mismo con las civilizaciones que nos visitan?

¿Qué clase de Libertad practicaría un pueblo «superci-vilizado» —procedente de cualquier mundo o galaxia o Universo— que descendiera en un planeta como el nuestro, infinitamente menos evolucionado? ¿Qué sería de nuestra propia libertad? ¿Qué sería de nuestro deficiente pero natural y propio ritmo evolutivo?

Estoy igualmente convencido de que lo «natural» tiende a una aproximación entre los «pueblos» del Cosmos, al igual que sucede —o debería suceder— entre los países de la Tierra o los miembros de una misma familia. Pero esa «aproximación» no puede ni debe provocar el desajuste, el desequilibrio o la mutilación de la libertad y de la identidad de los demás. Si los seres humanos se hubieran comportado de esta forma con las restantes razas que pueblan el Globo, la paz no sería hoy un milagro...

Difícilmente podrá entender la LIBERTAD quien no la practica ni la consiente.

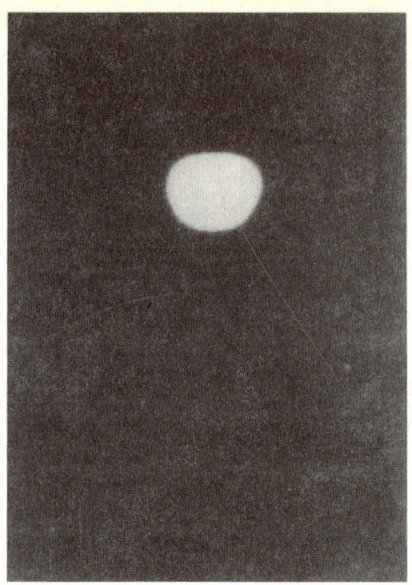

OVNI fotografiado por J. J. Benítez durante su estancia en «Montaña Roja». El original fue tomado en color.

El comandante Julián Rodríguez Bustamante, otro veterano piloto español que ha visto OVNIS. (Foto: J. J. Benítez.)

Carlos Antonio de los Santos, en el interior de la avioneta Piper Azteca, poco después de aterrizar en el aeropuerto de México, D.F.

Pedro Ferriz —en el centro—, el pionero de la investigación OVNI en América, con Raquel Forniés y J. J. Benítez.

El comandante Rafael Gárate, con su familia. Su llamada me puso en marcha hacia «Montaña Roja». (Foto: J. J. Benítez.)

«Ante mis ojos apareció una gran cruz blanca...» (Foto: J. J. Benítez.)

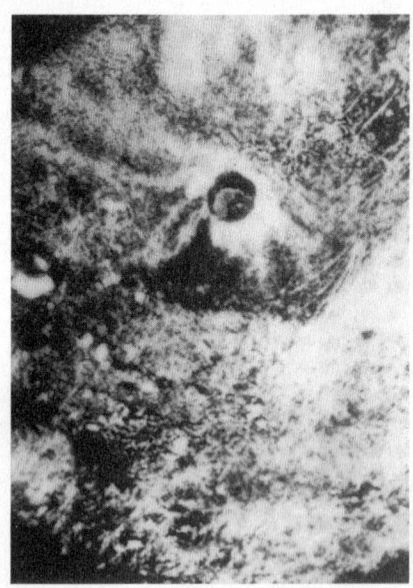

La bomba, a medio desenterrar. (Foto: J. J. Benítez.)

El misterioso círculo de tierra calcinada que apareció sobre la caldera del volcán apagado. (Foto: J. J. Benítez.)

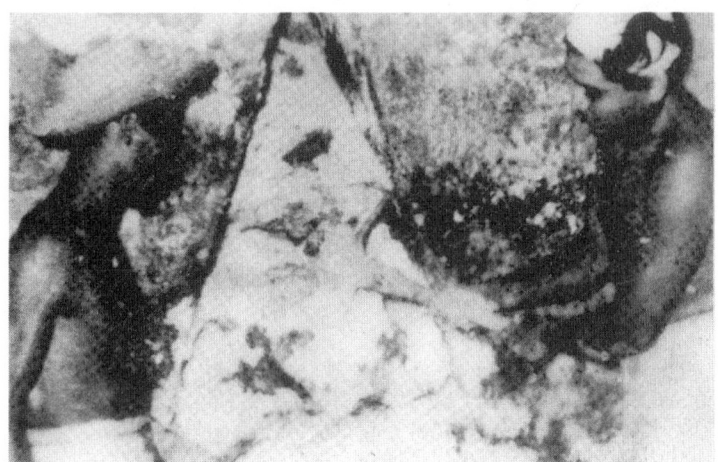

Momento histórico. Los trabajadores se disponen a demoler el núcleo de piedras y cal —todavía húmeda— que cerraba el paso hacia la gran cripta donde iba a ser descubierto el «astronauta» de Palenque.

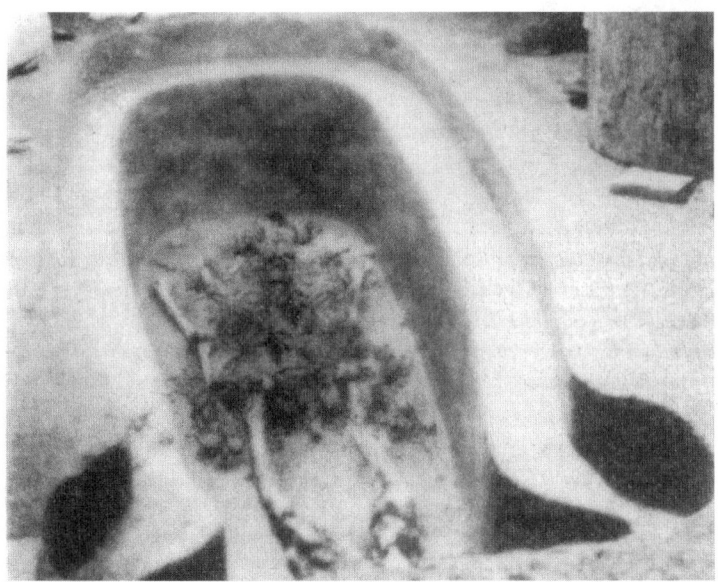

He aquí el sarcófago, una vez abierto por los descubridores. El misterioso «dios» apareció materialmente cubierto de joyas, en su mayor parte jade.

He aquí una fotografía muy poco conocida de la famosa cripta del Templo de las Inscripciones, en las selvas de Chiapas (México). Nada más ser descubierta presentaba este aspecto. Algunas estalactitas colgaban de la techumbre. En primer plano, la formidable lápida, con la imagen del misterioso «astronauta».

El comandante Bermúdez, a la izquierda, a los mandos de un Caravelle. Nadie se explica qué ocurrió al entrar en la gigantesca nube. (Foto: Betargi.)

El segundo piloto del Caravelle, Antonio Pérez Fernández (hoy comandante), otro gran profesional de la aviación española que protagonizó también la extraña «aventura» del vuelo 501 de Aviaco, entre Valencia-Bilbao y Santander. (Foto: J. J. Benítez.)

Ana Fernández de la Calzada, jefe de cabina del vuelo 501 de Aviaco. Algunos años antes del «encuentro» con la enigmática «nube» entre Bilbao y Santander, tuvo ocasión de observar un «objeto volante no identificado» en el puerto de El Escudo. (Foto: J. J. Benítez.)

El comandante Martín Sedó, uno de los más veteranos y bravos pilotos españoles. Tras solicitar autorización a Madrid, hizo un giro completo en torno al monstruoso objeto que flotaba sobre Navarra.

José Antonio Silva, testigo también de la presencia OVNI en los cielos españoles.

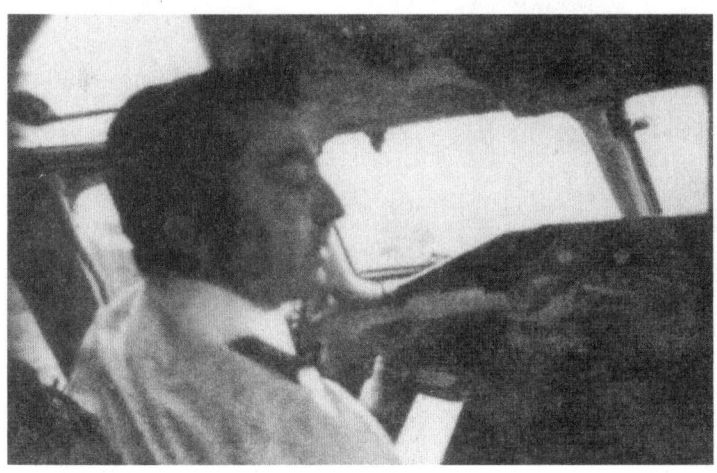

El comandante Antonio Miralles me definió la forma del OVNI como un «huso». «Por supuesto —añadió— aquello estaba manejado inteligentemente.» (Foto: J. J. Benítez.)

Su Majestad el rey don Juan Carlos conversando con J. J. Benítez durante la visita a Machu-Picchu, en Perú. Al fondo, Jaime Peñafiel, redactor-jefe de la revista ¡Hola!.

Doña Sofía escucha atentamente las explicaciones de María Reiche, la matemática alemana que ha estudiado los enigmáticos dibujos y «pistas» de la pampa de Nazca, en Perú, durante más de 30 años. (Foto: Alberto Schommer.)

El mal de la altura afectó a Su Majestad la reina en la ciudad sagrada de los incas. (Foto: J. J. Benítez.)

Todo es posible en SOPA, la mágica sociedad que nació en la no menos mágica fecha del 13 de mayo de 1978: desde el más puro «descarrilismo» personal y colectivo al Amor (con mayúscula), pasando por la poesía, la fraternidad, los OVNIS y la aventura. Ninguno de sus miembros —ni siquiera Ramón Rato de Figaredo, admitido en el grupo meses después y tras no pocas discusiones— escapa al «descarrilismo». De derecha a izquierda: Jaime Peñafiel, Pilar Cernuda, Alberto Schommer, Ana Zunzarren y Gianni Ferrari. Abajo, J. J. Benítez e Ignacio Gabilondo.

El comandante J. Ignacio Lorenzo Torres conversando con J. J. Benítez en el vuelo Buenos Aires-Río de Janeiro. El veterano piloto español fue uno de los primeros en ver un OVNI. (Foto: Jaime Peñafiel.)

Índice

Impreso en Litografía Rosés, S. A.
Progrés, 54-60. Polígono La Post
Gavá (Barcelona)

F/1950

OVNI: alto secreto

Documentos oficiales
del Ejército del Aire
                    español.

Lanzarote tiene
            300 volcanes

pag: nivel "alfa". (46)

delta?   hipérbolae?